普通高等教育规划教材

中文版

Premiere Pro CC

2019 商用案例教程

杨士霞　苏学涛　贾亚杰　主编

U0230707

化学工业出版社

·北京·

内容简介

《中文版Premiere Pro CC 2019商用案例教程》主要介绍Adobe Premiere CC 2019软件的常用功能和商业实战案例。本书内容详细，案例丰富，图文并茂。第1～3章介绍影视理论基础知识、软件的基本功能和操作技巧；第4～8章介绍商业实战案例，包括案例的创意思路、核心知识点以及操作技巧。

案例章节为本书的精华部分。根据多年的教学经验和企业项目实践，作者筛选出栏目片头制作、宣传片片头制作、影视片头制作、广告片头制作、网络宣传视频制作等五大类、多个不同风格的商业案例。案例覆盖面广，风格特点突出，实用性较强。

本书可作为相关院校广播电视类、影视艺术类和数字传媒类等专业相关课程的教学教材，也可作为广大视频剪辑爱好者的自学参考书。

图书在版编目（CIP）数据

中文版Premiere Pro CC 2019商用案例教程/杨士霞，苏学涛，贾亚杰主编. —北京：化学工业出版社，2021.7（2022.9重印）

普通高等教育规划教材

ISBN 978-7-122-39230-5

Ⅰ．①中… Ⅱ．①杨…②苏…③贾… Ⅲ．①视频编辑软件-高等学校-教材 Ⅳ．①TN94

中国版本图书馆CIP数据核字（2021）第101822号

责任编辑：高　钰	文字编辑：毛亚因
责任校对：刘　颖	装帧设计：刘丽华

出版发行：化学工业出版社（北京市东城区青年湖南街13号　邮政编码100011）
印　　装：中煤（北京）印务有限公司
787mm×1092mm　1/16　印张12³/₄　字数309千字　2022年9月北京第1版第2次印刷

购书咨询：010-64518888　　　　　　　　　售后服务：010-64518899
网　　址：http://www.cip.com.cn

定　　价：78.00元

前言

在当今时代，新媒体技术日益成熟，影视作品如雨后春笋般涌现，视频剪辑软件的更新换代也很迅速。但 Adobe Premiere 的市场占有率一直很高，究其原因，是它界面简洁、工具翔实、视频特效丰富，更是很多视频剪辑软件效仿设计的母版。读者学会使用 Adobe Premiere 软件，视频剪辑的问题就能迎刃而解，再使用其他软件也是信手拈来。

随着软件版本的不断更新，Adobe Premiere 界面功能和视频特效也在不断丰富，使用起来更加简便、快捷。本书使用的是 Adobe Premiere Pro CC 2019 版本，该版本属于较新版本，对硬件、系统的适应度很高，稳定性很强，新增的功能也十分强大。

本书通过大量详尽的商业案例讲解，使读者在全面认识、学习视频剪辑软件的基础上，熟练掌握栏目包装、预告片、商业广告片等综合项目的创作思路、制作流程、技巧应用，特别是帮助初学者建立起完整的知识架构，起到了事半功倍的效果。

本书第 2 ~ 8 章案例涉及的素材和最终效果源文件，可免费提供给采用本书作为教材的院校使用。如有需要，请发电子邮件至 cipedu@163.com 获取，或登录 www.cipedu.com.cn 免费下载。

本书特别适合广大视频剪辑爱好者、视频剪辑师、栏目包装师、特效制作师等参考，也可供各类影视动画培训机构作为教材使用，还可作为大、中专院校教学用书。

本书由苏学涛编写第 1 ~ 3 章，杨士霞编写第 4 ~ 5 章，贾亚杰编写第 6 ~ 8 章，参与案例编写的人员还有邰灿、窦琪浩、曹云来、赵志明。

由于编者水平有限，书中不妥之处在所难免，敬请读者批评指正。

编者
2021 年 4 月

目录

Premiere

Premiere

影视编辑基础

在电视的发展过程中，视频节目的后期制作经历了"物理剪辑""电子编辑"和"数码编辑"等发展阶段。如今，随着非线性编辑系统的出现和普及，节目制作面临重大的变革。非线性编辑引入了磁盘记录和存储、图形用户界面（GUI）和多媒体等新的技术和手段，使电视节目制作即将向数字化方向迈进一大步。

1.1 视频制式概述

影视编辑是利用软件对视频源进行非线性编辑的过程，属于多媒体制作软件范畴。影视编辑通过对加入的图片、背景音乐、特效、场景等素材与视频进行重混合，对视频源进行切割、合并，通过二次编码，生成具有不同表现力的新视频。

1.1.1 认识视频

视频泛指将一系列静态影像以电信号的方式加以捕捉、记录、处理、储存、传送与重现的各种技术。连续的图像变化每秒超过24帧画面以上时，根据视觉残留原理，人眼无法辨别单幅的静态画面，看上去是平滑连续的视觉效果，这样连续的画面叫作视频。其单位用帧表示。视频图像如图1-1所示。

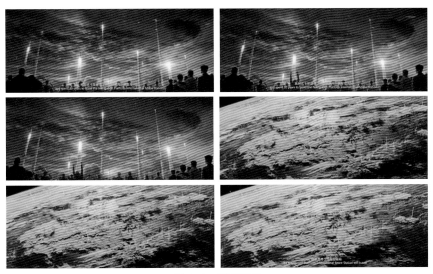

图1-1 视频图像

视频一般都是以24帧或30帧的速率播放的，这是因为播放速率低于15帧/s的时候，画面在人们眼中就会产生停顿，从而难以形成流畅的活动影像。而24帧/s或30帧/s的播放速率，则是不同国家根据自己国内行业的实际情况规定的一个视频播放行业标准。

电视系统是采用电子学的方法来传送和显示活动视频或静止图像的设备。在电视系统中，视频信号是连接系统中各部分的纽带，它的标准和要求也就是系统各部分的技术目标和要求。视频分模拟、数字两类。模拟视频是指由连续的模拟信号组成的视频图像，它的存储介质是磁带或录像带，在编辑或转录过程中画面质量会降低；而数字视频是把模拟信号变为数字信号，它描绘的是图像中的单个像素，可以直接存储在计算机磁盘中，因为保存的是数字的像素信息而非模拟的视频信号，因此，在编辑过程中可以最大限度地保证画面质量，几乎没有损失。

视频中几个常用的术语：

- 视频图像：记录的电视信号或录像带上的连续图像。
- DV视频：它主要是一种数码视频压缩格式，如DV摄像机就是以这种格式记录视频数据的。其优势是记录的图像质量高，并可以在个人计算机上进行处理。
- 伴音：和视频图像同步的声音信号。
- 数字视频：由视频图像和伴音组成的统一体。
- 模拟信号：由摄像机设备直接获取的视、音频信号。这种信号会随着时间发生连续的变化。
- 数字信号：模拟信号经过采样和量化后获得的信号。其信号波形是沿时间轴方向离散的，在信号幅度方向也是离散的。计算机中的数字信号就是连续信号经过采样和量化后得到的离散信号。
- 帧：一帧是扫描获得的一幅完整图像的模拟信号。它是视频图像的最小单位。"帧"在动画创作中又称为"格"。
- 帧率：指每秒钟扫描多少帧。对于PAL制式电视系统，帧率为每秒25帧/s；而对于NTSC制式电视系统，帧率为30帧/s。
- 场：视频的一个扫描过程，有逐行扫描和隔行扫描两种类型。对于逐行扫描，一帧即是一个垂直扫描场；对于隔行扫描，一帧由两场构成，用两个隔行扫描场表示一帧。
- 逐行扫描：一帧即为一个垂直扫描场。电子束在屏幕上一行接一行地扫描，就得到一幅完整的图像。
- 隔行扫描：这是目前很多电视系统电子束采用的一种技术，即先扫描视频图像的偶数行，再扫描奇数行，从而完成一帧的扫描，因此被称为隔行扫描。对于摄像机和显示器屏幕，获得或显示一幅图像都要扫描两遍。隔行扫描对于分辨率要求不高的系统比较适合。

我国电视画面传输率是25帧/s、50场/s。25Hz的帧频率能以最少的信号容量有效地利用人眼的视觉残留特性；50Hz的场频率隔行扫描，把一帧分为奇、偶两场，奇、偶的交错扫描相当于遮挡板的作用。这样，当其他行还在高速扫描时，人眼不易觉察出闪烁，同时解决了信号带宽的问题。

1.1.2　电视的制式

电视的制式就是电视信号的标准，其区分主要在帧频、分辨率、信号带宽以及载频、色彩空间的转换关系上。不同制式的电视机只能接收和处理相应制式的电视信号，但现在也出现了多制式或全制式的电视机，为处理不同制式的电视信号提供了极大的方便。全制式电视机可以在各个国家的不同地区使用。

目前，各个国家的电视制式并不统一，全世界普遍使用的有三种彩色电视制式:NTSC制式、PAL制式和SECAM制式。

（1）NTSC制式（简称N制）

NTSC制式是由美国国家电视标准委员会1952年制定的彩色广播标准。它采用正交平衡调幅技术（正交平衡调幅制）。这种制式有色彩失真的缺陷。美国、加拿大等大多数西半球国家，以及中国台湾地区、日本、韩国等均采用这种制式。

（2）PAL制式

PAL制式即逐行倒相正交平衡调幅制，是联邦德国在1962年制定的彩色电视机广播标准。它克服了NTSC制式色彩失真的缺点。中国、新加坡、澳大利亚、新西兰、联邦德国、英国等国家使用PAL制式。根据不同的参数细节，PAL制式又可以分为G、I、D等制式，其中PAL-D是我国采用的统一制式。

（3）SECAM制式

SECAM是法文缩写，意思为"顺序传送彩色信号与存储恢复彩色信号制"，是由法国在1956年提出、1966年制定的一种新的彩色电视制式。它克服了NTSC制式相位失真的缺点。目前，法国、东欧和中东部分国家使用SECAM制式。

三种制式的参数比较见表1-1。

表1-1　三种制式的参数比较

制式	垂直分辨率	帧频	彩色幅载波	声音载波
NTSC 制式	625 线	25Hz	4.43MHz	6.5MHz
PAL 制式	525 线	30Hz	3.58MHz	4.5MHz
SECAM 制式	625 线	25Hz	4.25MHz	4.25MHz

1.2　后期合成基础知识

在影视发展的早期，前期制作占有较大的比重。随着数字化信息技术的发展，后期制作在影片制作中的比重越来越大，尤其是计算机技术与电影制作的迅速融合，使影视合成软件的作用越来越明显。一个好的影视制作人员必须掌握有关节目编排的基本技巧。

1.2.1　视频编辑流程

一般来讲，通过计算机进行的后期制作包括把原始素材镜头编辑成影视节目所必需的全工作过程，具体包括以下几个步骤：

（1）采集视频和音频

收集整理素材，通过各种手段获得未经过编辑（剪辑）的视频和音频文件。其中视频素材是指从摄像机、录像机、数码相机、扫描仪等设备中捕获的各种视频文件；音频素材指的是各种数字音频，各种数字化的声音，电子合成音乐等音乐文件。当然，编辑者也可以利用互联网，寻找适合自己的素材。

（2）确定编辑点和镜头切换的方式

在进行影视编辑时，选择自己所要编辑的视频和音频文件，对它设置合适的编辑点，就可达到改变素材的时间长度和删除不必要素材的目的。镜头的切换是指把两个镜头衔接在一起，使一个镜头突然结束，下一个镜头立即开始。Premiere Pro提供多种镜头切换方式，如图1-2所示。

图1-2　镜头切换

（3）设计编辑计划

传统的影片编辑工作离不开对磁带或胶片上的镜头进行搜索和筛选。编辑计划就是对采集的素材进行加工的计划，因为有时Premiere Pro中的工作是不可逆的，所以事先必须做好详细的编辑计划。

（4）把素材综合编辑成节目

剪辑师将实拍到的分镜头按照导演和影片的剧情需要组接剪辑，这时需要选准编辑点，才能使影片在播放时不出现闪烁。在 Premiere Pro 的时间线视窗中，用户可按照指定的播放顺序将不同的素材组接成整个片段。素材精准地衔接，可以通过在 Premiere Pro 中精确到帧的操作来实现。

（5）在节目中叠加标题字幕和图形

Premiere的标题视窗工具为用户提供了展示自己艺术创作力与想象力的空间。使用这些工具，用户可以为自己的影片创建和增加各种有特色的文字标题或几何图形，并让它们实现如滚动、阴影和渐变等各种效果，如图1-3所示。

图1-3　标题字幕

（6）添加音频

为影片添加音频可以说是编辑素材的后续工作。在编辑素材工作中，不仅要进行视频的编辑，也要进行音频的编辑。一般来说，先把视频剪接好，最后才进行音频的剪接，这样可以节省很多不必要的重复工作。添加声音效果是影视制作中不可缺少的工作，使用 Premiere Pro 可以为影片增加更多的音乐效果，而且能同时编辑视频和音频，可以很直观地预览到合成之后的效果。

1.2.2　视频编辑方式

不同节目的制作在声音和图像的处理上要用到不同的编辑方式。

（1）联机方式

该方式以直接制作播放用的节目磁带为目的。联机方式是指在同一台计算机上，进行从素材的粗糙编辑到生成最后影片所需要的所有工作。这样的编辑方式不仅需要大量的磁盘空间，而且对CPU的处理速度和内存要求也很高。

（2）脱机方式

在脱机方式编辑中所使用的都是原始影片的拷贝副本，并使用高级的终端设备软件制成节目。脱机方式主要是使用低价格的设备制作影片，是目前常用的方式，因为脱机编辑强调的只是编辑速度而不是影片的画面质量。影片的画面质量与原始的素材质量有关，与最后的高级终端编辑器有关。

（3）替代编辑和联合编辑

替代编辑是在原有胶片节目的基础上改变其中的内容，即用新编好的内容替换掉原来的内容。联合编辑是将视频的画面和音频的声音对应进行组接，即合成音频视频，是最常用的编辑方式。

1.2.3　转场

电视片在内容上的结构层次是通过段落表现出来的，而段落与段落、场景与场景之间的过渡或转换，就叫作转场。不同的场景转换可以产生不同的艺术效果，如图1-4所示。

图1-4　转场效果

几种常用的影视转场效果如下。

（1）淡入淡出

淡入淡出是Premiere常用的转场效果。淡入，也称显现，是指影片从全黑的背景中渐渐地显现出画面的下一个镜头，如图1-5所示。

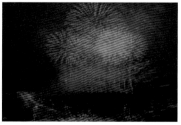

图1-5　淡入效果

（2）划

划又称为"划变"，即前一个镜头渐渐划去的同时，空着的位置上出现下一个镜头，这也是前后两个镜头交替的过程，但它是以"划"的状态来实现的，如图1-6所示。

图1-6　划效果

（3）叠化

叠化是两个镜头的重叠效果，即影片的画面和帧画面重叠在一起，如图1-7所示。在Premiere中进行叠化转场，必须对附加轨道上的素材进行透明度的设置，并设置合适的颜色通道。

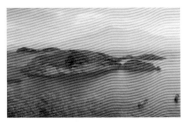

图1-7　叠化效果

1.3　线性编辑与非线性编辑

早期广播电视节目的编辑方式是复制编排和物理剪辑。在编辑节目时需要用刀片或剪刀在特定的位置裁剪磁带，这一操作的结果对磁带是不可逆的，所以需要编辑人员凭着经验和刻度工具来确定剪辑内容和大致长度。

为了改善编辑精度和提高编辑效率，20世纪80年代，纯数字的非线性编辑系统开始投入商业广告的制作中。这些系统主要用在数字视频编辑方面，采用磁盘和光盘来作为视频信号的记录媒体。

1.3.1　线性编辑

线性编辑指的是一种需要按时间顺序从头至尾进行编辑的节目制作方式，它所依托的是以一维时间轴为基础的线性记录载体，如磁带编辑系统，素材在磁带上按时间顺序排列。这种编辑方式要求编辑人员首先编辑素材的第一个镜头，结尾的镜头最后编。它意味着编辑人员必须对一系列镜头的组接做出确切的判断，事先做好构思，因为一旦编辑完成，就不能轻易改变这些镜头的组接顺序。因为对编辑带的任何改动，都会直接影响到记录在磁带上的信号的真实地址的重新安排，从改动点以后直至结尾的所有部分都将受到影响，需要重新编一次或者进行复制。线性编辑系统实物示意图如图1-8所示。

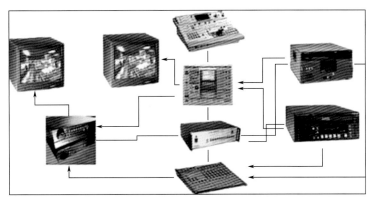

图1-8　线性编辑系统实物示意图

线性编辑有一定的缺点：

① 素材不可能做到随机存取。线性编辑系统以磁带为记录载体，节目信号按时间线性排列，在寻找素材时录像机需要进行卷带搜索，只能在一维的时间轴上按照镜头的顺序一段一段地搜索，不能跳跃进行，因此素材的选择很费时间，影响了编辑效率。

② 线性的编辑难以对半成品完成随意的插入或删除等操作。线性编辑方式是以磁带的线性记录为基础的，一般只能按编辑顺序记录。虽然插入编辑方式允许替换已录磁带上的声音或图像，但是这种替换实际上只能是替换旧的，它要求要替换的片段和磁带上被替换的片段时间一致，而不能进行增删，不能改变节目的长度，这样对节目的修改就非常不方便。

③ 所需设备较多，安装调试较为复杂。线性编辑系统连线复杂，有视频线、音频线、控制线、同步机，构成复杂，可靠性相对降低，经常出现不匹配的现象。另外，设备种类繁多，录像机（被用作录像机/放像机）、编辑控制器、特技发生器、时基校正器、字幕机和其他设备一起工作，由于这些设备各自起着特定的作用，各种设备性能参差不齐，指标各异，当它们连接在一起时，会对视频信号造成较大的衰减。另外，大量的设备同时使用，使得操作人员众多，操作过程复杂。

1.3.2　非线性编辑

非线性编辑是针对线性编辑而言的。非线性编辑是借助计算机来进行数字化制作，几乎所有的工作都在计算机里完成，不再需要那么多的外部设备，对素材的调用也是瞬间实现，突破单一的时间顺序编辑限制，可以按各种顺序排列，具有快捷简便、随机的特性。

从非线性编辑系统的作用来看，它能集录像机、切换台、数字特技机、编辑机、多轨录音机、调音台、MIDI创作、时基等设备于一身，几乎包括了所有的传统后期制作设备。这种高度的集成性，使得非线性编辑系统的优势更为明显，因此它能在广播电视界占据越来越重要的地位。

1.3.3　非线性编辑的特点

概括地说，非线性编辑系统具有信号质量高、制作水平高、设备寿命长、便于升级、网络化等方面的优越性。

① 信号质量高。使用传统的录像带编辑节目，素材磁带要磨损多次，机械磨损是不可弥补的。为了制作特技效果，还必须"翻版"，每"翻版"一次，就会造成一次信号损失。而在非线性编辑系统中，无论如何处理或者编辑，拷贝多少次，信号质量损失都较小。由于系统只需要一次采集和一次输出，非线性编辑系统能保证得到相当于模拟视频第二版质量的节目带，而使用模拟编辑系统，不可能有这么高的信号质量。

② 制作水平高。使用传统的编辑方法，制作一个十分钟的节目，往往要面对长达四五十分钟的素材带，反复进行审阅比较，将所选择的镜头编辑组接，并进行必要的转场、特技处理。这其中包含大量的机械重复劳动。而在非线性编辑系统中，大量的素材都存储在硬盘上，可以随时调用，不必费时费力地逐帧寻找。素材的搜索极其容易，不用像传统的编辑机那样来回倒带。用鼠标拖动滑块，能在瞬间找到需要的那一帧画面。整个编辑过程既灵活又方便。

③ 设备寿命长。非线性编辑系统是对传统设备的高度集成，使后期制作所需的设备降至最少，有效地节约了投资。由于是非线性编辑，只需要一台录像机，在整个编辑过程中，录像机只需要启动两次，一次输入素材，一次录制节目带。这样就避免了磁鼓的大量磨损，使得录像机的寿命大大延长。

④ 便于升级。随着影视制作水平的提高，总是对设备不断地提出新的要求，这一矛盾在传统编辑系统中很难解决，这需要不断投资。而使用非线性编辑系统，则能较好地解决这一矛盾。非线性编辑系统所采用的，是易于升级的开放式结构，支持许多第三方的硬件、软件。通常，功能的增加只需要通过软件的升级就能实现。

⑤ 网络化。网络化是计算机的一大发展趋势，非线性编辑系统可充分利用网络方便地传输数码视频，实现资源共享，还可利用网络上的计算机协同创作，对于数码视频资源的管理、查询，更是易如反掌。在一些电视台中，非线性编辑系统都在利用网络发挥着更大的作用。

1.4　认识蒙太奇

蒙太奇（Montage）原是法语建筑学中的一个名词，指装配、组合、构成，后被借用到电影中，指按照生活的逻辑和美学原则，把一个个镜头组接起来。随着电影、电视艺术日新月异的发展，蒙太奇的含义也得到发展与丰富。今天，蒙太奇已成为影视艺术特有的思维方式，如图1-9所示。

图1-9　蒙太奇的表现方式

1.4.1　蒙太奇的诞生

卢米埃尔兄弟在19世纪末拍出历史上最早的影片时，他们不需要考虑蒙太奇问题。他们总是把摄影机摆在一个固定的位置上，即全景的距离（或者说是剧场中中排观众与舞台的距离），把人的动作从头到尾一气拍完。后来，人们发现胶片可以剪开、再用药剂黏合，于是有人尝试把摄影机放在不同位置，从不同距离、角度拍摄。他们发现各种镜头用不同的连接方法能产生惊人的不同效果。这就是蒙太奇技巧的开始，也是电影摆脱舞台剧的叙述与表现手段的束缚，有了自己独立手段的开始。

一般电影史上都把分镜头拍摄的创始归功于美国的埃德温·鲍特，认为他在1903年放映的《火车大劫案》是现代意义上"电影"的开端。他把不同背景，包括站台、司机室、电报室、火车厢、山谷等内景、外景里发生的事连接起来叙述一个故事，这个故事里包括了几条动作线。

公认的还是格里菲斯熟练地掌握了不同镜头组接的技巧，使电影终于从戏剧的表现方法中解脱出来。

1.4.2　蒙太奇的构成

蒙太奇一般包括画面剪辑和画面合成两方面。画面合成：由许多画面或图样并列或叠化而成的一个统一图画作品。画面剪辑：制作这种艺术组合的方式或过程是将电影一系列在不同地点，从不同距离和角度，以不同方法拍摄的镜头排列组合起来，叙述情节，刻画人物。

1.4.3　蒙太奇的意义

当不同的镜头组接在一起时，往往会产生各个镜头单独存在时所不具有的含义。例如卓别林把工人群众赶进厂门的镜头，与被驱赶的羊群的镜头衔接在一起；普多夫金把春天冰河融化的镜头，与工人示威游行的镜头衔接在一起，就使原来的镜头表现出新的含义。爱森斯坦认为，将对列镜头衔接在一起时，其效果"不是两数之和，而是两数之积"。凭借蒙太奇的作用，电影享有时空的极大自由，甚至可以构成与实际生活中的时间空间并不一致的电影时间和电影空间。蒙太奇可以产生演员动作和摄影机动作之外的第三种动作，从而影响影片的节奏。早在电影问世不久，美国导演，特别是格里菲斯，就注意到了电影蒙太奇的作用。后来的苏联导演库里肖夫、爱森斯坦和普多夫金等相继探讨并总结了蒙太奇的规律与理论，形成了蒙太奇学派，他们的有关著作对电影创作产生了深远的影响。

1.4.4　蒙太奇的功能

蒙太奇的功能主要是通过镜头、场面、段落的分切与组接，对素材进行选择和取舍，以使表现内容主次分明，达到高度的概括和集中。

（1）表达寓意，创造意境

镜头的分割与组合，声画的有机组合、相互作用，可以使观众在心理上产生新的含义。单个镜头、单独的画面或者声音只能表达其本身的具体含义，而如果使用蒙太奇技巧和表现手法，就可以使一系列没有任何关联的镜头或者画面产生特殊的含义，表达出创作者的寓意，甚至还可以产生特定的效果。

（2）引导观众注意力，激发联想

每一个单独的镜头都只能表现一定的具体内容，但组接后就有了一定的顺序，并严格地规范和引导、影响观众的情绪和心理，从而启迪观众进行思考。

（3）创造独特的影视时间和空间

每个镜头都是对现实时空的记录，经过剪辑，实现对时空的再造，形成独特的影视时空。一个化出化入的技巧（或者直接的跳入）就可以在空间上从巴黎跳到纽约，或者在时间上跨过几十年。而且，通过两个不同空间的运动的并列与交叉，可以造成紧张的悬念，或者表现分处两地的人物之间的关系，如恋人的两地相思。

（4）使影片画面形成不同的节奏

蒙太奇可以把客观因素（信息量、人物和镜头的运动速度、色彩声音效果、音频效果以及特技处理等）和主观因素（观众的心理感受）综合研究，通过镜头之间的剪接，将内部节奏和外部节奏、视觉节奏和听觉节奏有机地结合在一起，使影片的节奏丰富多彩、生动自然而又和谐统一，从而产生强烈的艺术感染力。

1.4.5　蒙太奇的种类

蒙太奇具有叙事和表意两大功能。我们可以把蒙太奇划分为三种最基本的类型：叙事蒙太奇、表现蒙太奇、理性蒙太奇。第一种是叙事手段，后两种主要用以表意。在此基础上还可以进行第二级划分：叙事蒙太奇（平行蒙太奇、交叉蒙太奇、颠倒蒙太奇、连续蒙太奇）、表现蒙太奇（抒情蒙太奇、心理蒙太奇、隐喻蒙太奇、对比蒙太奇）、理性蒙太奇（杂耍蒙太奇、反射蒙太奇、思想蒙太奇）。

第一，叙事蒙太奇由美国电影大师格里菲斯等人首创，是影视片中最常用的一种叙事方法。它的特征是以交代情节、展示事件为主旨，按照情节发展的时间流程、因果关系来分切组合镜头、场面和段落，从而引导观众理解剧情。这种蒙太奇组接脉络清楚，逻辑连贯，明白易懂。叙事蒙太奇又包含下述几种具体技巧：

（1）平行蒙太奇

这种蒙太奇常以不同时空（或同时异地）发生的两条或两条以上的情节线并列表现，分头叙述而统一在一个完整的结构之中。格里菲斯、希区柯克都是极善于运用这种蒙太奇的大师。平行蒙太奇应用广泛，首先，因为用它处理剧情，可以删减过程以利于概括集中，节省篇幅，扩大影片的信息量，并加强影片的节奏；其次，由于这种手法是几条线索平列表现，相互烘托，形成对比，易于产生强烈的艺术感染效果。如影片《南征北战》中，导演用平行蒙太奇表现敌我双方抢占摩天岭的场面，造成了紧张的节奏，扣人心弦。

（2）交叉蒙太奇

交叉蒙太奇又称交替蒙太奇，它将同一时间不同地域发生的两条或数条情节线迅速而频繁地交替剪接在一起，其中一条线索的发展往往影响其他线索，各条线索相互依存，最后汇合在一起。这种剪辑技巧极易引起悬念，造成紧张激烈的气氛，加强矛盾冲突的尖锐性，是掌握观众情绪的有力手法，惊险片、恐怖片和战争片常用此法造成追逐和惊险的场面。如《南征北战》中抢渡大沙河一段，将我军和敌军急行军奔赴大沙河以及游击队炸水坝三条线索交替剪接在一起，表现了那场惊心动魄的战斗。

（3）颠倒蒙太奇

这是一种打乱结构的蒙太奇方式，先展现故事的或事件的当前状态，再介绍故事的始末，表现为事件概念上"过去"与"现在"的重新组合。它常借助叠印、划变、画外音、旁白等转入倒叙。运用颠倒蒙太奇，打乱的是事件顺序，但时空关系仍需交代清楚，叙事仍应符合逻辑关系，事件的回顾和推理都以这种方式结构。

（4）连续蒙太奇

这种蒙太奇不像平行蒙太奇或交叉蒙太奇那样多线索地发展，而是沿着一条单一的情节线索，按照事件的逻辑顺序，有节奏地连续叙事。这种叙事自然流畅，朴实平顺，但由于缺乏时空与场面的变换，无法直接展示同时发生的情节，难于突出各条情节线之间的对列关系，不利于概括，易有拖沓冗长、平铺直叙之感。因此，在一部影片中绝少单独使用，多与平行、交叉蒙太奇交混使用，相辅相成。

第二，表现蒙太奇以镜头对列为基础，通过相连镜头在形式或内容上相互对照、冲击，从而产生单个镜头本身所不具有的丰富含义，以表达某种情绪或思想。其目的在于激发观众的联想，启迪观众的思考。

（1）抒情蒙太奇

抒情蒙太奇是一种在保证叙事和描写的连贯性的同时，表现超越剧情之上的思想和情感的方法。让·米特里指出：它的本意既是叙述故事，也是绘声绘色的渲染，并且更偏重于后者。意义重大的事件被分解成一系列近景或特写，从不同的侧面或角度捕捉事物的本质含义，渲染事物的特征。最常见、最易被观众感受到的抒情蒙太奇，往往在一段叙事场面之后，恰当地切入象征情绪情感的空镜头。如苏联影片《乡村女教师》中，瓦尔瓦拉和马尔蒂诺夫相爱了，马尔蒂诺夫试探地问她是否永远等待他。她一往情深地答道："永远！"紧接着画面中切入两个盛开的花枝的镜头。它与剧情并无直接关系，但却恰当地抒发了作者与人物的情感。

（2）心理蒙太奇

心理蒙太奇是人物心理描写的重要手段，它通过画面镜头组接或声画有机结合，形象生动地展示出人物的内心世界，常用于表现人物的梦境、回忆、闪念、幻觉、遐想、思索等精神活动。这种蒙太奇在剪接技巧上多用交叉穿插等手法，其特点是画面和声音形象的片断性、叙述的不连贯性和节奏的跳跃性，声画形象带有剧中人强烈的主观性。

（3）隐喻蒙太奇

隐喻蒙太奇通过镜头或场面的对列进行类比，含蓄而形象地表达创作者的某种寓意。这种手法往往将不同事物之间某种相似的特征突现出来，以引起观众的联想，领会导演的寓意和领略事件的情绪色彩。如普多夫金在《母亲》一片中将工人示威游行的镜头与春天冰河水解冻的镜头组接在一起，用以比喻革命运动势不可挡。隐喻蒙太奇将巨大的概括力和极度简洁的表现手法相结合，往往具有强烈的情绪感染力。不过，运用这种手法应当谨慎，隐喻与叙述应有机结合，避免生硬牵强。

（4）对比蒙太奇

对比蒙太奇类似文学中的对比描写，即通过镜头或场面之间在内容（如贫与富、苦与乐、生与死、高尚与卑下、胜利与失败等）或形式（如景别大小、色彩冷暖、声音强弱、动静等）上的强烈对比，产生相互冲突的作用，以表达创作者的某种寓意或强化所表现的内容和思想。

第三，理性蒙太奇是通过画面之间的关系，而不是通过单纯的一环接一环的连贯性叙事表情达意的。理性蒙太奇与连贯性叙事的区别在于，即使它的画面属于实际经历过的事实，按这种蒙太奇组合在一起的事实总是主观视像。这种蒙太奇是苏联学派主要代表人物爱森斯坦创立，主要包含"杂耍蒙太奇""反射蒙太奇""思想蒙太奇"。

（1）杂耍蒙太奇

爱森斯坦给杂耍蒙太奇的定义是：杂耍是一个特殊的时刻，其间一切元素都是为了促使把导演打算传达给观众的思想灌输到他们的意识中，使观众进入到引起这一思想的精神状况或心理状态中，以造成情感的冲击。这种手法在内容上可以随意选择，不受原剧情约束，达到最终能说明主题的效果。与表现蒙太奇相比，这是一种更注重理性、更抽象的蒙太奇形式。为了表达某种抽象的理性观念，往往硬摇进某些与剧情完全不相干的镜头，譬如，影片《十月》中表现孟什维克代表居心叵测的发言时，插入了弹竖琴的手的镜头，以说明其"老调重弹，迷惑听众"。对于爱森斯坦来说，蒙太奇的重要性无论如何不限于达到艺术效果的特殊方式，而是表达意图的风格，传输思想的方式：通过两个镜头的撞击确立一个思想，一系列思想造成一种情感状态，尔后，借助这种被激发起来的情感，使观众对导演打算传输给他们思想产生共鸣。这样，观众不由自主地卷入这个过程中，甘心情愿地去附和这一过程总的倾向、总的含义。这就是这位伟大导演的原则。

1928年以后，爱森斯坦进一步把杂耍蒙太奇推进为"电影辩证形式"，以视觉形象的象征性和内在含义的逻辑性为根本，而忽略了被表现的内容，以致陷入纯理论的迷津，同时也带来创作的失误。后人吸取了他的教训，现代电影中杂耍蒙太奇使用较为慎重。

　　（2）反射蒙太奇

　　它不像杂耍蒙太奇那样为表达抽象概念随意生硬地插入与剧情内容毫无相关的象征画面，而是所描述的事物和用来做比喻的事物同处一个空间，它们互为依存：或是为了与该事件形成对照，或是为了确定组接在一起的事物之间的反应，或是为了通过反射联想揭示剧情中包含的类似事件，以此作用于观众的感官和意识。譬如《十月》中，克伦斯基在部长们的簇拥下来到冬宫，一个仰拍镜头表现他头顶上方的一根画柱，柱头上有一个雕饰，它仿佛是罩在克伦斯基头上的光环，使独裁者显得无上尊荣。这个镜头之所以不显生硬，是因为爱森斯坦利用的是实实在在的布景中的一个雕饰，存在于真实的戏剧空间中的一件实物，他进行了加工处理，但没有用与剧情不相干的物像吸引人。

　　（3）思想蒙太奇

　　思想蒙太奇是维尔托夫创造的，方法是利用新闻影片中的文献资料重加编排表达一个思想。这种蒙太奇形式是一种抽象的形式，因为它只表现一系列思想和被理智所激发的情感。观众冷眼旁观，在银幕和他们之间形成一定的"间离效果"，其参与完全是理性的。罗姆所导演的《普通法西斯》是典型之作。

1.4.6　蒙太奇的句型

　　蒙太奇的句型是指在电影、电视镜头组接中，由一系列镜头经有机组合而成的逻辑连贯、富于节奏、含义相对完整的影视片断。

　　蒙太奇句型主要有前进式、后退式、环形、穿插式和等同式句型。

　　前进式句型：按全景—中景—近景—特写的顺序组接镜头。

　　后退式句型：按特写—近景—中景—全景的顺序组接镜头。

　　环形句型：将前进式和后退式两种句型结合起来。

　　穿插式句型：句型的景别变化不是循序渐进的，而是远近交替的（或是前进式和后退式蒙太奇穿插使用）。

　　等同式句型：在一个句子当中景别不发生变化。

第2章 初识 Premiere

Adobe Premiere是一款常用的视频编辑软件，由Adobe公司推出，在多媒体制作领域扮演着非常重要的角色，受到越来越多的专业和非专业视频编辑爱好者的青睐。该软件现在常用的版本有CS4、CS5、CS6、CC 2014、CC 2015、CC 2017、CC 2018以及CC 2019版本。Adobe Premiere是一款编辑画面质量比较好的软件，有较好的兼容性，且可以与Adobe公司推出的其他软件相互协作。目前这款软件广泛应用于广告制作和电视节目制作中。其最新版本为Adobe Premiere Pro CC 2019。

2.1 认识界面

单击"开始"→Adobe Premiere Pro CC 2019命令，或双击桌面上的Adobe Premiere Pro快捷方式图标，便可启动中文版Adobe Premiere Pro CC 2019程序。

中文版Premiere Pro CC 2019的工作界面（图2-1）划分为以下几大版块：菜单栏、项目窗口、时间线窗口、监视器窗口以及各功能面板。

Premiere Pro CC 2019的工作界面可以根据屏幕分辨率的不同而呈现不同的状态。在1920×1080的分辨率下，通过单击"窗口"→"工作区"命令或者单击界面上方的"预定义工作区"，可进入不同的操作界面，进而满足不同用户的工作需求。

当用户单击"窗口"→"工作区"→"编辑"命令时，操作界面如图2-1所示。

图2-1 Premiere Pro CC 2019的工作界面

当用户单击"窗口"→"工作区"→"学习"命令时,操作界面如图2-2所示。

图2-2 "学习"界面

当用户单击"窗口"→"工作区"→"效果"命令时,操作界面如图2-3所示。

图2-3 "效果"界面

当用户单击"窗口"→"工作区"→"音频"命令时,操作界面如图2-4所示。

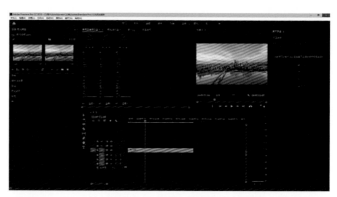

图2-4 "音频"界面

当用户单击"窗口"→"工作区"→"颜色"命令时,操作界面如图2-5所示。

图2-5 "颜色"界面

2.1.1　菜单栏

在 Premiere Pro CC 2019 中，菜单栏为编辑工作提供了常用的操作和属性设置命令，它由文件、编辑、剪辑、序列、标记、图形、窗口、帮助共 8 个菜单组成，如图 2-6 所示。

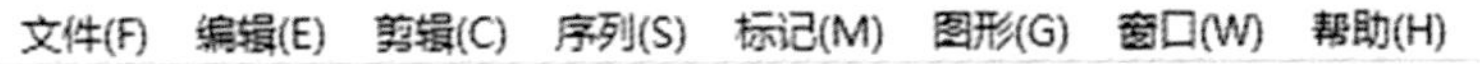

文件(F)　编辑(E)　剪辑(C)　序列(S)　标记(M)　图形(G)　窗口(W)　帮助(H)

图 2-6　菜单栏

菜单栏中的部分命令除了可以用鼠标来操作外，还可以使用组合键来执行。例如，"打开项目"命令可以通过按下组合键"Ctrl+O"来执行。

2.1.2　"项目"面板

"项目"面板是素材文件的管理器，可以输入各种原始素材，并对这些素材进行组织和管理。在该窗口中可以使用多种显示方式来显示每个片段，包括素材缩略图、名称、注释说明和标签等。在"项目"窗口中，还可以使用文件夹的形式来管理片段并对其进行预览，如图 2-7 所示为导入了静态素材、动态素材、声音素材后的窗口效果。

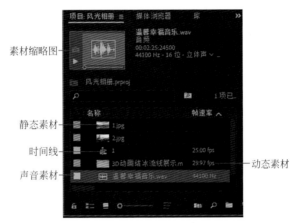

图 2-7　"项目"面板

2.1.3　"时间线"面板

"时间线"面板是编辑各种素材的中心窗口，是按照时间线排列片段和制作影视节目的编辑窗口，如图 2-8 所示。该窗口中包括影视节目的工作区域、视频轨道、音频轨道、转换轨道和各种工具等组成部分。

在"时间线"面板的音频轨道中，包括左、右两个声道。默认情况下的视频和音频轨道各有三条。如果需要添加轨道数，只要在轨道名称处单击鼠标右键，在弹出的快捷菜单中选择"添加轨道"选项即可。

图 2-8　"时间线"面板

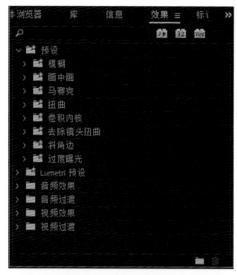

图2-9　"效果"面板

图2-10　"效果控件"面板

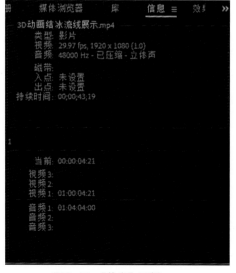

图2-11　"信息"面板

2.1.4　"效果"面板

"效果"面板用于添加视频和音频特效及切换效果，例如为图像素材中的人物面部添加"马赛克"效果，保护人物隐私等。

"效果"面板中包含"预设""音频效果""音频过渡""视频效果""视频过渡"5个文件夹，如图2-9所示。

2.1.5　"效果控件"面板

"效果控件"面板用于控制在视频素材中添加的所有特效，包括运动、不透明度、时间重映射等参数，如图2-10所示。

2.1.6　"信息"面板

"信息"面板用于显示当前选择的剪辑素材或过渡效果的相关信息。在"时间线"面板选择一个素材后，"信息"面板就会显示该素材的详细信息，如图2-11所示。

2.1.7　"监视器"面板

"监视器"面板包括两个视窗和相应的工具条，主要用于实现素材的剪辑和预演等功能。左侧的视窗用来编辑和播放单独的原始素材，右侧的视窗用来进行时间线素材预演，如图2-12所示。

图 2-12　"监视器"面板

2.1.8　工具箱

工具箱包含了影片编辑中常用的工具，如图 2-13 所示。

工具箱中各种工具按钮的功能如下：

●选择工具 "　"：用于选择素材、移动素材和调节素材关键帧。将该工具移到素材的边缘时，鼠标指针会变成拉伸图标 "　" 的形式，此时可通过拖拽鼠标为素材设置入点和出点。

●向前选择轨道工具 "　"：用于选择某一轨道上的所有素材。

●波纹编辑工具 "　"：使用该工具拖拽素材的出点，可以改变素材的长度，而轨道上其他素材的长度不受影响。

●剃刀工具 "　"：用于分割素材。选择剃刀工具后在 "时间线" 面板中的素材上单击鼠标左键，素材就会被分割成两段，从而产生出新的入点和出点。

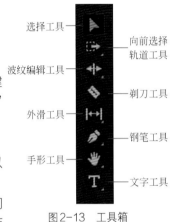

图 2-13　工具箱

●外滑工具 "　"：保持要编辑素材的入点和出点不变，改变前一素材的出点和后一素材的入点。

●钢笔工具 "　"：用于调整素材的关键帧。

●手形工具 "　"：用于改变 "时间线" 面板的可视区域，在编辑一些较长素材时，更方便观察。

●文字工具 "　"：进行文本输入，例如标题、对白。

2.1.9　标尺栏

在编辑影片的过程中，有时需要编辑较长的素材，在对这些素材进行编辑时，需要来回拖拽滚动条，如此反复的操作会比较麻烦；有时需要编辑的素材时间长度又非常短，很难对其细节进行操作。在 Premiere 中直接拖拽时间线标尺下方控制条两端的按钮，即可达到改变时间单位的目的，如图 2-14 所示。

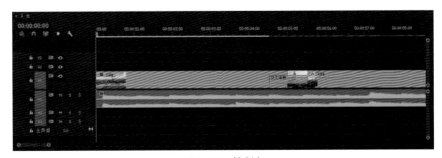

图 2-14　控制条

标尺栏中主要按钮的作用如下：

将序列作为嵌套或个别剪辑插入并覆盖""：激活该按钮，把嵌套拖进序列就以嵌套的形式呈现；不激活该按钮，序列就是以素材的方式呈现。

对齐""：单击该按钮可以使素材边缘自动吸附对齐。

链接选择项""：激活该按钮，选择、操作音、视频某一轨道素材会同时选择、操作相链接的视、音频轨道素材。

添加标记""：单击该按钮，在轨道上设置无序号的标记。

时间轴显示设置""：用于显示/关闭时间轴的各种视图内容，例如显示视频缩览图、显示音频波形。

2.2　常用的视频过渡

视频过渡也可以称为视频转场，主要用来处理一个场景到另一个场景的转场情况。转场分为两种，即硬转和软转。硬转是指在一个场景完成后紧接着是另一个场景，其间没有引入转场特效；软转是相对硬转而言的，是指在一个场景完成后，运用某一种转场特效过渡到下一个场景，从而使转场变得自然流畅，并能够表达用户的一些想法。

下面将对 Premiere Pro CC 2019 中常用的视频转场进行详细的介绍。

2.2.1　"立方体旋转"过渡——城市风光

"立方体旋转"过渡是图像A旋转以显示图像B，两幅图像映射到立方体的两个面。

① 启动Premiere Pro CC 2019程序，单击"新建项目"按钮，如图2-15所示，弹出"新建项目"窗口。

图2-15　单击"新建项目"按钮

② 将项目保存位置修改为自己想要的盘符目录位置，项目名称修改为"城市风光"，如图2-16所示。

③ 项目创建完成后，在"项目"面板右下方，单击"创建"按钮或按下组合键"Ctrl+N"，创建新的序列，如图2-17所示。

④ 在"序列预设"窗口中展开"AVCHD"选项，选择"AVCHD 1080i25（50i）"选项，创建1920×1080序列，将"序列名称"修改为"风光"，如图2-18所示。

⑤ 单击"文件"→"导入"命令或按下组合键"Ctrl+I"，弹出"导入"对话框。在该对话框中选择"素材"→"第2章"→"2.2.1城市风光"文件夹中所需的四幅素材图像，如图2-19所示。

⑥ 单击"打开"按钮，将选择的四幅素材图像添加到"项目"面板中，如图2-20所示。

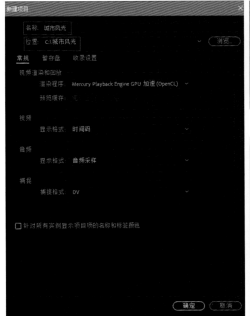

图2-17 单击"新建序列"命令

图2-16 设置"新建项目"存储路径

图2-18 设置"序列预设"

图2-19 选择图像素材

图2-20 导入的素材图像

⑦ 确认"时间线"面板的当前位置标记处于00:00:00:00帧的位置,将刚刚导入的四幅素材图像直接拖拽到"时间线"面板的"V1"轨道中,如图2-21所示。

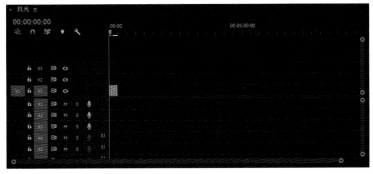

图2-21 导入素材至轨道中

⑧ 为了更好地观察图像素材,拖拽"时间线"面板"标尺栏"下方控制条右侧按钮,如图2-22所示,调整图像素材在"时间线"面板中的显示大小。

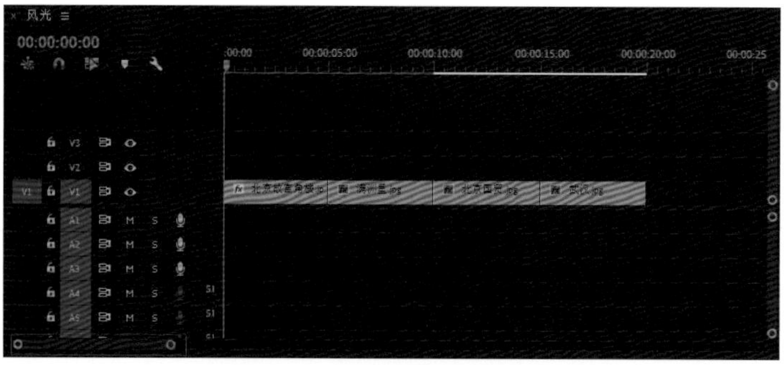

图2-22　调整图像素材显示大小

⑨ 选中"V1"轨道中的第一个图像素材"北京故宫角楼.jpg"，在左上方"效果控件"中将"缩放"调整为"25.0"，如图2-23所示。节目监视器中的图像显示如图2-24所示。

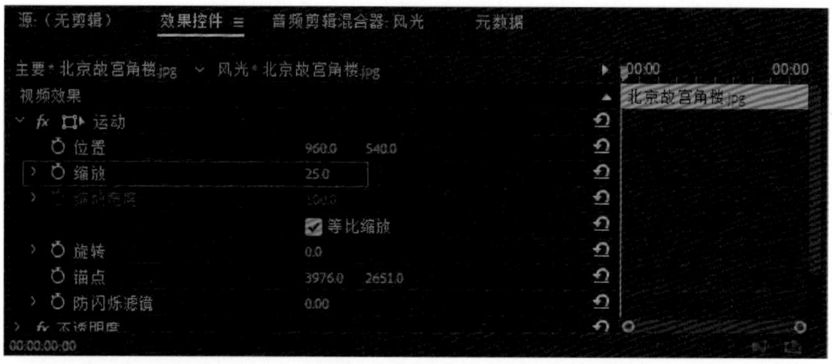

图2-23　设置图像素材1"缩放"参数

图2-24　节目监视器中的图像（图像素材1）

⑩ 选中"V1"轨道中的第二个图像素材"满洲里.jpg"，将时间线滑块拖拽到图像素材"满洲里.jpg"上，在左上方"效果控件"中将"缩放"调整为"30.0"，如图2-25所示。节目监视器中的图像显示如图2-26所示。

图2-25　设置图像素材2"缩放"参数

图2-26　节目监视器中的图像（图像素材2）

⑪ 选中"V1"轨道中的第三个图像素材"北京国贸.jpg"，将时间线滑块拖拽到图像素材"北京国贸.jpg"上，在左上方"效果控件"中将"缩放"调整为"35.0"，如图2-27所示。节目监视器中的图像显示如图2-28所示。

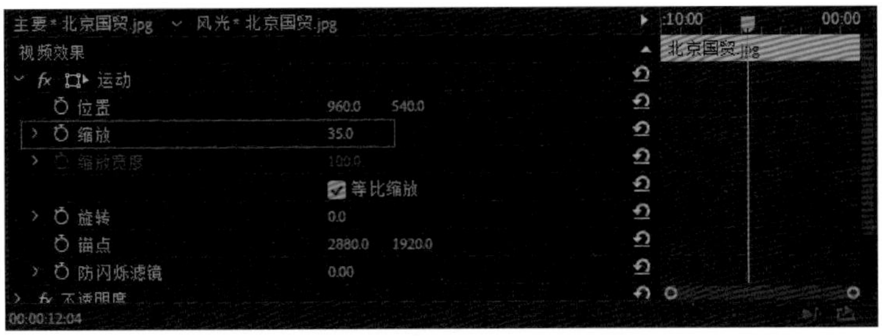

图2-27　设置图像素材3"缩放"参数

图2-28　节目监视器中的图像（图像素材3）

⑫ 选中"V1"轨道中的第四个图像素材"武汉.jpg"，将时间线滑块拖拽到图像素材"武汉.jpg"上，在左上方"效果控件"中将"缩放"调整为"40.0"，如图2-29所示。节目监视器中的图像显示如图2-30所示。

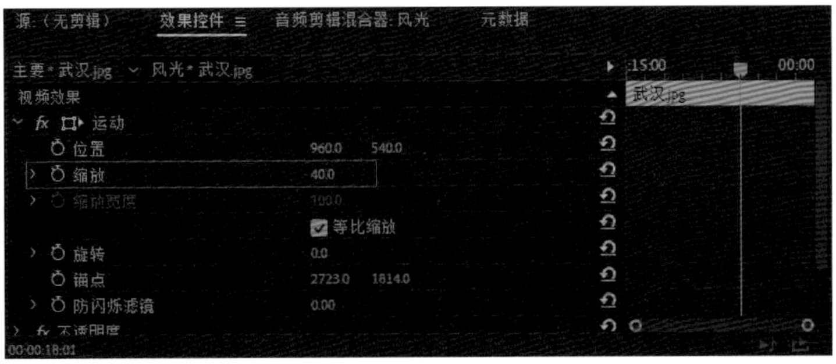

图2-29　设置图像素材4"缩放"参数

图2-30　节目监视器中的图像（图像素材4）

⑬ 将时间线滑块拖拽到起始位置00:00:00:00，按下"节目"监视器面板上的播放/停止按钮"▶"，预览一遍图像。

⑭ 单击"项目"面板右侧的"效果"面板，找到"视频过渡"→"3D运动"→"立方体旋转"命令，如图2-31所示。

⑮ 将"立方体旋转"命令拖拽到图像素材"北京故宫角楼.jpg"和图像素材"满洲里.jpg"两个图像素材中间，如图2-32所示。

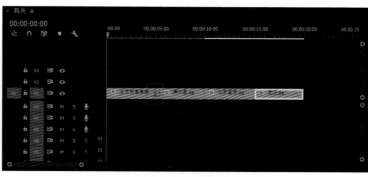

图2-31　找到"立方体旋转"命令　　　　图2-32　添加"立方体旋转"视频过渡

⑯ 按下"节目"监视器面板上的播放/停止按钮"▶"，预览前两个图像的视频过渡"立方体旋转"效果，如图2-33所示。

⑰ 单击添加到两素材中间的"立方体旋转"视频过渡，会在左上方显示"效果控件"面板，可在这里准确设置"立方体旋转"视频过渡的"持续时间""对齐""开始""结束""显示实际源""反向"等参数，如图2-34所示。

图2-33　预览"立方体旋转"视频过渡　　　　图2-34　"立方体旋转"参数设置

⑱ 分别为后面的图像素材相交处添加"立方体旋转"视频过渡，按下"节目"监视器面板上的播放/停止按钮"▶"，预览一遍图像，该视频过渡就制作完成了，如图2-35所示。

图2-35　"立方体旋转"过渡效果

2.2.2　"油漆飞溅"过渡——动物世界

"油漆飞溅"过渡，以泼油漆的形式显示图像A下面的图像B。

① 创建一个"新建项目"，将项目保存位置修改为自己想要的盘符目录位置，项目名称修改为"动物世界"。按下组合键"Ctrl+N"，创建新的序列，在"序列预设"窗口中展开"AVCHD"选项，选择"AVCHD 1080i25（50i）"选项，创建"1920×1080"序列，将"序列名称"修改为"动物世界"。

② 按下组合键"Ctrl+I"，弹出"导入"对话框。在该对话框中选择"素材"→"第2章"→"2.2.2动物世界"文件夹中的四幅素材图像，将其拖拽到"时间线"面板的"V1"轨道中，如图2-36所示。

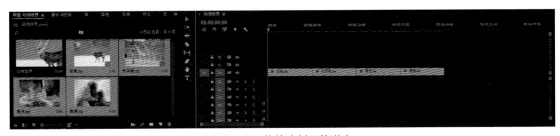

图2-36　拖拽素材至轨道中

③ 选中"V1"轨道中的图像素材"驼鹿.jpg"，在"效果控件"中将"缩放"调整为"55.0"；选中图像素材"长颈鹿.jpg"，在"效果控件"中将"缩放"调整为"45.0"；选中图像素材"老虎.jpg"，在"效果控件"中将"缩放"调整为"50.0"；选中图像素材"猿猴.jpg"，在"效果控件"中将"缩放"调整为"40.0"。

④ 单击"效果"面板，找到"视频过渡"→"擦除"→"油漆飞溅"命令，并将其拖拽到两个图像素材中间，如图2-37所示。

⑤ 按下"节目"监视器面板上的播放/停止按钮"▶"或者空格键，预览两个图像间的视频过渡效果，如图2-38所示。

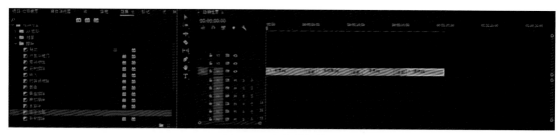

图2-37　添加转场效果

图2-38　"油漆飞溅"过渡效果

⑥ 单击添加到两素材中间的"油漆飞溅"视频过渡，在"效果控件"面板，可设置视频过渡的"持续时间""对齐""开始""结束""显示实际源""边框宽度""边框颜色""反向""消除锯齿品质"等参数，如图2-39所示。

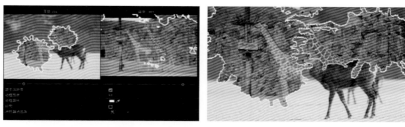

图2-39　"油漆飞溅"参数设置效果

2.2.3　"风车"过渡——自然风光

"风车"过渡，是从图像A的中心进行多次扫掠擦除，以显示图像B。

① 创建一个"新建项目"，将项目保存位置修改为自己想要的盘符目录位置，项目名称修改为"自然风光"。按下组合键"Ctrl+N"，创建新的序列，在"序列预设"窗口中展开"AVCHD"选项，选择"AVCHD 1080i25（50i）"选项，创建"1920×1080"序列，将"序列名称"修改为"自然风光"。

② 按下组合键"Ctrl+I"，弹出"导入"对话框。在该对话框中选择"素材"→"第2章"→"2.2.3自然风光"文件夹中的四幅素材图像，将其拖拽到"时间线"面板的"V1"轨道中。

③ 参照前面缩放素材图像的方法，对"V1"轨道中的图像素材大小进行适当调整。

④ 单击"效果"面板，找到"视频过渡"→"擦除"→"风车"命令，并将其拖拽到两个图像素材中间，如图2-40所示。

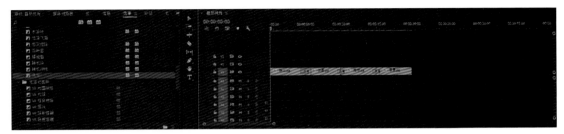

图2-40　添加转场效果

⑤ 按下"节目"监视器面板上的播放/停止按钮"▶"或者空格键，预览两个图像间的视频过渡效果，如图2-41所示。

图2-41　"风车"过渡效果

⑥ 单击"效果控件"面板，可设置视频过渡的"持续时间""对齐""开始""结束""显示实际源""边框宽度""边框颜色""反向""消除锯齿品质"等参数。单击"自定义"按钮，可以设置风车的楔形数量，如图2-42所示。

图2-42　"风车"楔形数量增加过渡效果

2.2.4　"带状滑动"过渡——动感水果

"带状滑动"过渡，是从图像A的中心进行多次扫掠擦除，以显示图像B。

① 创建一个"新建项目"，将项目保存位置修改为自己想要的盘符目录位置，项目名称修改为"动感水果"。按下组合键"Ctrl+N"，创建新的序列，在"序列预设"窗口中展开

"AVCHD"选项，选择"AVCHD 1080i25（50i）"选项，创建"1920×1080"序列，将"序列名称"修改为"动感水果"。

② 按下组合键"Ctrl+I"，弹出"导入"对话框。在该对话框中选择"素材"→"第2章"→"2.2.4动感水果"文件夹中的四幅素材图像，将其拖拽到"时间线"面板的"V1"轨道中。

③ 参照前面缩放素材图像的方法，对"V1"轨道中的图像素材大小进行适当调整。

④ 单击"效果"面板，找到"视频过渡"→"滑动"→"带状滑动"命令，并将其拖拽到两个图像素材中间，如图2-43所示。

图2-43　添加转场效果

⑤ 按下"节目"监视器面板上的播放/停止按钮"▶"或者空格键，预览两个图像间的视频过渡效果，如图2-44所示。

图2-44　"带状滑动"过渡效果

⑥ 单击"效果控件"面板，可设置视频过渡的"持续时间""对齐""开始""结束""显示实际源""边框宽度""边框颜色""反向""消除锯齿品质"等参数。单击"自定义"按钮，可以设置"带状滑动"的带数量，如图2-45所示。

图2-45　"带状滑动"带数量增加过渡效果

2.2.5　"交叉缩放"过渡——艺术雕塑

"交叉缩放"过渡，是图像 A 放大，然后图像 B 缩小。

① 创建一个"新建项目"，将项目保存位置修改为自己想要的盘符目录位置，项目名称修改为"艺术雕塑"。按下组合键"Ctrl+N"，创建新的序列，在"序列预设"窗口中展开"AVCHD"选项，选择"AVCHD 1080i25（50i）"选项，创建"1920×1080"序列，将"序列名称"修改为"艺术雕塑"。

② 按下组合键"Ctrl+I"，弹出"导入"对话框。在该对话框中选择"素材"→"第 2 章"→"2.2.5艺术雕塑"文件夹中的四幅素材图像，将其拖拽到"时间线"面板的"V1"轨道中。

③ 参照前面缩放素材图像的方法，对"V1"轨道中的图像素材大小进行适当调整。

④ 单击"效果"面板，找到"视频过渡"→"缩放"→"交叉缩放"命令，并将其拖拽到两个图像素材中间，如图2-46所示。

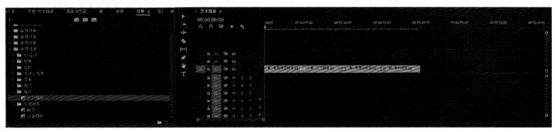

图2-46　添加转场效果

⑤ 按下"节目"监视器面板上的播放/停止按钮"▶"或者空格键，预览两个图像间的视频过渡效果，如图2-47所示。

图2-47　"交叉缩放"过渡效果

⑥ 单击"效果控件"面板，可设置视频过渡的"持续时间""对齐""开始""结束""显示实际源"等参数。

2.2.6　"翻页"过渡——乡野风光

"翻页"过渡，就是图像 A 卷曲以显示下面的图像 B。

① 创建一个"新建项目"，将项目保存位置修改为自己想要的盘符目录位置，项目名称

修改为"乡野风光"。按下组合键"Ctrl+N",创建新的序列,在"序列预设"窗口中展开"AVCHD"选项,选择"AVCHD 1080i25(50i)"选项,创建"1920×1080"序列,将"序列名称"修改为"乡野风光"。

② 按下组合键"Ctrl+I",弹出"导入"对话框。在该对话框中选择"素材"→"第2章"→"2.2.6乡野风光"文件夹中的四幅素材图像,将其拖拽到"时间线"面板的"V1"轨道中。

③ 参照前面缩放素材图像的方法,对"V1"轨道中的图像素材大小进行适当调整。

④ 单击"效果"面板,找到"视频过渡"→"页面剥落"→"翻页"命令,并将其拖拽到两个图像素材中间,如图2-48所示。

图2-48   添加转场效果

⑤ 按下"节目"监视器面板上的播放/停止按钮"▶"或者空格键,预览两个图像间的视频过渡效果,如图2-49所示。

图2-49   "翻页"过渡效果

⑥ 单击"效果控件"面板,可设置视频过渡的"持续时间""对齐""开始""结束""显示实际源""反向"等参数。

2.3   常用的视频特效

视频特效一般用于修补影像素材中的某些缺陷,或者使视频画面达到某种特殊的效果,为更好地表现作品主题服务。

2.3.1   "颜色平衡"特效——竹林四季

"颜色平衡"特效是对图像的色相、亮度和饱和度各项参数进行调整,从而达到改变图像效果的目的。

① 创建一个"新建项目"，将项目保存位置修改为自己想要的盘符目录位置，项目名称修改为"竹林四季"。按下组合键"Ctrl+N"，创建新的序列，在"序列预设"窗口中展开"AVCHD"选项，选择"AVCHD 1080i25（50i）"选项，创建"1920×1080"序列，将"序列名称"修改为"竹林四季"。

② 按下组合键"Ctrl+I"，弹出"导入"对话框。在该对话框中选择"素材"→"第2章"→"2.3.1竹林四季"文件夹中的素材图像，将其拖拽到"时间线"面板的"V1"轨道中。

③ 参照前面缩放素材图像的方法，对"V1"轨道中的图像素材大小进行适当调整。

④ 利用选择工具"▶"将素材长度拖拽到10s长。

⑤ 单击"效果"面板，找到"视频效果"→"图像控制"→"颜色平衡（RGB）"命令，并将其拖拽到图像素材上，如图2-50所示。

图2-50　添加转场效果

⑥ 在"效果控制"面板"颜色平衡（RGB）"命令的0s、3s分别为红色、绿色、蓝色添加关键帧，利用转到下一关键帧工具"▶"将时间帧指针跳转到3s处，将"颜色平衡（RGB）"的"红色"参数设置为"70"，"绿色"参数设置为"90"，"蓝色"参数设置为"150"，调制出夏天的色彩，如图2-51所示。

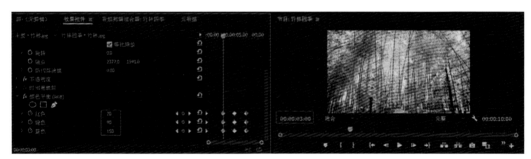

图2-51　"颜色平衡"画面效果

⑦ 然后分别在5s、7s处添加关键帧，调制出秋天、冬天的色彩，如图2-52所示。5s处参数设置为：红色为"150"，绿色为"60"，蓝色为"100"。7s处参数设置为：红色为"100"，绿色为"40"，蓝色为"200"。

（a）春天　　　　　　　　　　　　　　　　（b）夏天

图2-52

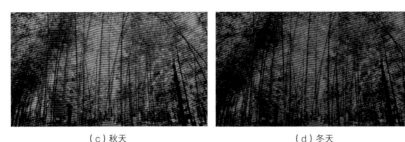

（c）秋天　　　　　　　　　　　（d）冬天

图2-52　"颜色平衡"调制画面效果

2.3.2　"渐变擦除"特效——汽车世界

"渐变擦除"特效是按照用户选定的图像利用柔和渐变慢慢融合擦除的效果。

① 创建一个"新建项目"，将项目保存位置修改为自己想要的盘符目录位置，项目名称修改为"汽车世界"。按下组合键"Ctrl+N"，创建新的序列，在"序列预设"窗口中展开"AVCHD"选项，选择"AVCHD 1080i25（50i）"选项，创建"1920×1080"序列，将"序列名称"修改为"汽车世界"。

② 按下组合键"Ctrl+I"，弹出"导入"对话框。在该对话框中选择"素材"→"第2章"→"2.3.2汽车世界"文件夹中的四幅素材图像，将其拖拽到"时间线"面板的"V1"轨道中。

③ 参照前面缩放素材图像的方法，对"V1"轨道中的图像素材大小进行适当调整。

④ 单击"效果"面板，找到"视频过渡"→"擦除"→"渐变擦除"命令，并将其拖拽到两个图像素材中间，如图2-53所示。

图2-53　添加转场效果

⑤ 按下"节目"监视器面板上的播放/停止按钮"▶"或者空格键，预览两个图像间的视频过渡效果，如图2-54所示。

图2-54　"渐变擦除"过渡效果

⑥ 单击"效果控件"面板，可设置视频过渡的"持续时间""对齐""开始""结束""显示实际源""反向"等参数，在"自定义"中可以更改"柔和度"，获得更细腻的过渡效果。

2.3.3 "马赛克"特效——保护当事人

"马赛克"效果是一种图像（视频）处理手段，常用于遮挡重要部分。

① 创建一个"新建项目"，将项目保存位置修改为自己想要的盘符目录位置，项目名称修改为"保护当事人"。按下组合键"Ctrl+N"，创建新的序列，在"序列预设"窗口中展开"AVCHD"选项，选择"1080P"文件夹里面的"AVCHD 1080p24"选项，创建"1920×1080"序列，将"序列名称"修改为"保护当事人"。

② 按下组合键"Ctrl+I"，弹出"导入"对话框。在该对话框中选择"素材"→"第2章"→"2.3.3保护当事人"文件夹中的视频素材"保护当事人.mpg"，将其拖拽到"时间线"面板的"V1"轨道。

③ 按下键盘上的"空格键"播放浏览素材，在女当事人出现的画面时间段内"添加标记"，在视频播放结束位置"00:00:25:03"用"剃刀工具"将素材切断，将后面的多余素材删除。

④ 单击"效果"面板，找到"视频过渡"→"风格化"→"马赛克"命令，并将其拖拽到素材位置上，如图2-55所示。

图2-55 添加"马赛克"效果

⑤ 将时间线移动到第一个标记位置，选择效果控件面板"马赛克"命令下面的"创建4点多边形蒙版"■，调整"马赛克"的位置，将女当事人的眼睛遮住，如图2-56所示。

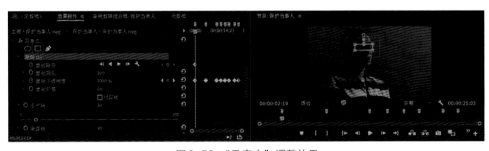

图2-56 "马赛克"调整效果

⑥ 按下"空格键"播放一遍视频，检查女当事人的眼睛是否有漏出的区域，如有，单击"蒙版（1）"，待出现蒙版调节框进行大小、位置调整，直到各标记时间段均无穿帮。

⑦ 男当事人出现时，画面中仍有马赛克，通过设置"蒙版不透明度"，将马赛克去除掉，如图2-57所示。

⑧ "蒙版（1）"中的"水平块""垂直块"均设置为"20"。

⑨ 单击"文件"菜单中的"导出"→"媒体"命令，弹出"导出设置"对话框，设置格式为"MPEG2"，将"输出名称"修改为"保护当事人"，保存路径，导出视频。

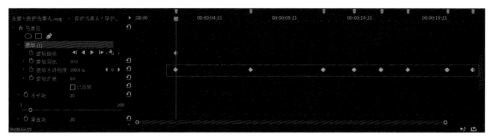

图2-57 "蒙版不透明度"设置

2.3.4 "垂直翻转"特效——水面倒影

"垂直翻转"可使素材产生翻转效果，常用于调整视频位置。

① 创建一个"新建项目"，将项目保存位置修改为自己想要的盘符目录位置，项目名称修改为"水面倒影"。按下组合键"Ctrl+N"，创建新的序列，在"序列预设"窗口中展开"AVCHD"选项，选择"1080P"文件夹里面的"AVCHD 1080p25"选项，创建"1920×1080"序列，将"序列名称"修改为"水面倒影"。

② 按下组合键"Ctrl+I"，弹出"导入"对话框。在该对话框中选择"素材"→"第2章"→"2.3.4水中倒影"文件夹中的视频素材"蓝天白云.mp4"，将其拖拽到"时间线"面板的"V1"轨道。

③ 在"效果控件"面板中取消"运动"命令下的"等比缩放"，设置"缩放高度"为"75.0"，"位置"设置为"960.0 136.0"，如图2-58所示。

图2-58 "运动"参数设置

④ 选中"V1"上的"蓝天白云.mp4"视频素材，右键单击"复制"，选中"V2"视频图层，然后将时间线拖拽到最左侧，右键单击"粘贴"，复制一个修改后的素材文件放入"V2"轨道，并在"效果控件"面板中设置"缩放高度"为"85.0"，"位置"数值为"960.0 999.6"，如图2-59所示。

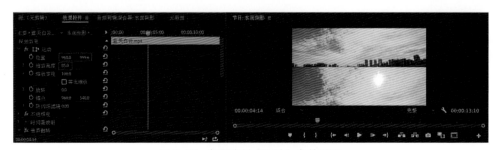

图2-59 复制素材"运动"参数设置

⑤ 在"效果"窗口中选择"视频效果"→"变换"→"垂直翻转"特效，并将其拖拽到"V2"的素材中，如图2-60所示。

⑥ 在"效果"窗口中搜索"高斯模糊"特效拖拽到"V2"的素材中，并在"效果控件"面板中将"模糊度"数值设置为"27"，如图2-61所示。

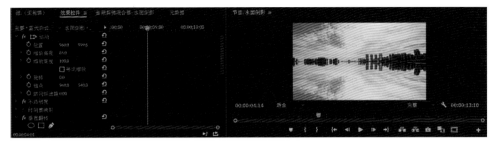

图2-60　"垂直翻转"效果

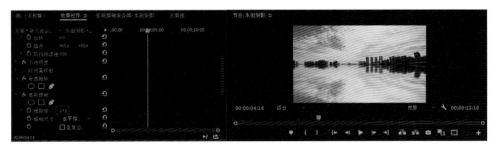

图2-61　"高斯模糊"参数设置

⑦ 单击"文件"菜单中的"导出"→"媒体"命令，弹出"导出设置"对话框，设置格式为"MPEG2"，将"输出名称"修改为"水面倒影"，保存路径，导出视频。

2.3.5 "浮雕"特效——沙漠骆驼

"浮雕"会使画面产生灰色的凹凸感效果。

① 创建一个"新建项目"，将项目保存位置修改为自己想要的盘符目录位置，项目名称修改为"沙漠骆驼"。按下组合键"Ctrl+N"，创建新的序列，在"序列预设"窗口中展开"AVCHD"选项，选择"AVCHD 1080i25（50i）"选项，修改"序列名称"为"沙漠骆驼"。

② 按下组合键"Ctrl+I"，弹出"导入"对话框。在该对话框中选择"文件夹素材"→"第2章"→"2.3.5沙漠骆驼"文件夹中的视频素材"驼队.mp4"，将其拖拽到"时间线"面板的"V1"轨道中。

③ 右键单击素材，选择"取消链接"，单击音频轨道链接的音频素材，将其删除，并将"运动"中的"缩放"修改为"160.0"。

④ 在"效果"窗口中选择"视频效果"→"变换"→"水平翻转"特效，并将其拖拽到"V1"的素材中，改变驼队的运动方向，如图2-62所示。

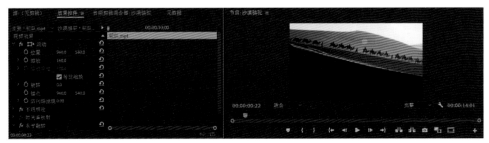

图2-62　"水平翻转"效果

⑤ 在00:00:01:17处使用"剃刀"工具把"驼队.mp4"从中裁剪出1帧，把将裁剪后的第二部分素材向后拖拽留出5s的距离，然后将裁出的1帧用"比率拉伸工具"  拖拽至5s长度，填满中间位置，如图2-63所示。

图2-63 "比率拉伸"效果

⑥ 单击"效果"面板，查找"视频过渡"→"风格化"→"浮雕"命令，并将其拖拽到拉伸的素材上面，在00:00:02:20处插入关键帧，修改参数"方向"值为"25.0"，"起伏"值为"3.50"，"对比度"值为"200"，"与原始图像混合"值为"0%"，在00:00:05:17处再次插入关键帧，使该参数顺延至此，如图2-64所示。

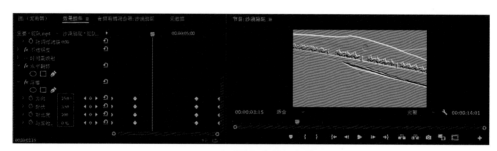

图2-64 "浮雕"参数设置效果

⑦ 在拉伸素材的第1帧和最后1帧添加关键帧，将"方向"值修改为"0"，"起伏"值修改为"0"，"对比度"值修改为"0"，"与原始图像混合"值修改为"100%"，使浮雕变化产生过渡，效果如图2-65所示。

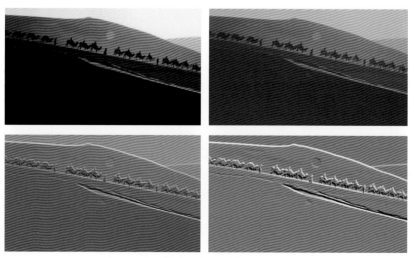

图2-65 "浮雕过渡"效果

⑧ 在中间浮雕区域，还存在一些彩色信息，影响浮雕效果，添加"视频效果"→"图像控制"→"颜色过滤"命令，在00:00:02:20、00:00:05:17处添加关键帧，设置"相似性"参

数为8，祛除色彩信息，在拉伸素材的第1帧和最后1帧添加关键帧，设置"相似性"参数为
"100"，效果如图2-66所示。

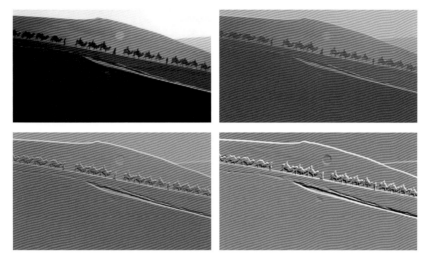

图2-66　"颜色过滤"效果

⑨ 制作一个快门动作。在"文件"菜单中单击"新建"→"颜色遮罩"→"黑色"，命名为
"快门"，放置到拉伸素材的开始位置，调整长度为10帧，添加"视频过渡"→"滑动"→"拆分"
效果，选中"拆分"特效，设置为水平拆分，从外到里，勾选"反向"，效果如图2-67所示。

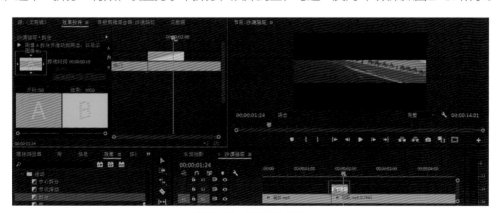

图2-67　"拆分"效果

⑩ 单击"文件"菜单中的"导出"→"媒体"命令，弹出"导出设置"对话框，设置格式
为"MPEG2"，将"输出名称"修改为"沙漠骆驼"，保存路径，导出视频。

2.4　字幕制作

将节目的语音内容以字幕方式显示，可以帮助听力较弱的观众理解节目内容。同时，由于很
多字词同音，只有通过字幕文字和音频结合来观看，才能更加清楚节目内容。字幕也能用于翻译
外语节目，让不理解该外语的观众，既能听见原作的声音，也能理解节目内容。

2.4.1　创建字幕——惊影

① 创建一个"新建项目"，将项目保存位置修改为自己想要的盘符目录位置，项目名称修改

为"惊影"。按下组合键"Ctrl+N",创建新的序列,在"序列预设"窗口中展开"AVCHD"选项,选择"AVCHD 1080i25(50i)"选项,修改"序列名称"为"惊影"。

② 按下组合键"Ctrl+I",弹出"导入"对话框。在该对话框中选择"素材"→"第2章"→"2.4.1惊影"文件夹中的视频素材"惊影素材.mp4",将其拖拽到"时间线"面板的"V1"轨道中。

③ 参照前面缩放素材图像的方法,对"V1"轨道中的图像素材大小进行适当调整。

④ 按下组合键"Ctrl+I",弹出"导入"对话框。在该对话框中选择"素材"→"第2章"→"2.4.1惊影"文件夹中的音频素材"背景音乐.mp3",将其拖拽到"时间线"面板的"A1"轨道中。

⑤ 新建"旧版标题",输入第一条字幕"出品人:罗伯·阿彻",选中文本,在"效果控件"的"文本"中将"出品人"字体类型调整为"黑体","罗伯·阿彻"字体类型调整为"方正浑圆","出品人"字体大小调整为"80","罗伯·阿彻"字体大小调整为"65",整体字体位置调整为"1345.4　540.0",描边调整为"黑色6.0",阴影不透明度调整为"75",效果如图2-68所示。

图2-68　文字效果

⑥ 右键单击字幕,调整"持续时间"为00:00:02:10,效果如图2-69所示。

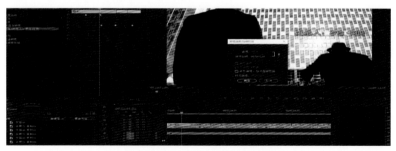

图2-69　设置"持续时间"效果

⑦ 在"效果"面板中搜索"数字故障"效果,将其拖拽到轨道字幕上面,效果如图2-70所示。

⑧ 将时间轴滑块移动到00:00:01:06位置,打关键帧,"主振幅"设置为"0.0";将时间轴滑块移动到00:00:01:23位置,"主振幅"设置为"100.0";再将时间轴滑块移动到00:00:02:14位置,将"主振幅"调整为"0.0",使振幅效果消失。效果如图2-71所示。

⑨ 将时间轴滑块移动到00:00:00:14位置,"位置"设置为"1711.0　540.0";再将时间轴滑块移动到00:00:01:14位置,"位置"设置为"925.0　540.0"。效果如图2-72所示。

图 2-70　"数字故障"效果

图 2-71　"主振幅"关键帧效果（字幕一）

图 2-72　"位置"关键帧效果（字幕一）

⑩ 将时间轴滑块移动到 00:00:02:25 位置，输入第二条字幕"总监制：克莱克·诺曼"，各参数调制同上。

⑪ 将时间轴滑块移动到 00:00:02:25 位置，在"效果控制"窗口中找到"位置"，参数设置为"435.0　540.0"；再将时间轴移动到 00:00:03:11 位置，参数设置为"1352.0　540.0"。

⑫ 将时间轴滑块移动到 00:00:03:03 位置，在"效果控制"窗口中找到"缩放"，参数设置为"269.0"；再将时间轴移动到 00:00:04:00 位置，参数设置为"100.0"。然后在"效果"中搜索"数字故障"，拖入字幕二。

⑬ 将时间轴滑块移动到 00:00:03:10 位置，将"主振幅"参数设置为"0.0"；将时间轴移动滑块移动到 00:00:06:15 处，参数设置为"100.0"；再将时间轴滑块移动到 00:00:07:05 位置，参数设置为"0.0"。效果如图 2-73 所示。

⑭ 将时间轴滑块移动到 00:00:05:10 位置，在"效果控件"窗口中找到"位置"，参数设置为"1631.0　527.0"；将时间轴滑块移动到 00:00:06:13 位置，参数设置为"1352.0　540.0"。

⑮ 将时间轴滑块移动到 00:00:07:21 位置，输入第三条字幕"总策划：马修·罗梅罗"，参数调制同上。

⑯ 将时间轴滑块移动到 00:00:07:21 位置，在"效果控件"窗口中找到"位置"，参数设置为"1631.0　527.0"；再将时间轴滑块移动到 00:00:06:13 位置，参数设置为"1634.049.0"。

⑰ 将时间轴滑块移动到 00:00:03:10 位置，将"主振幅"参数设置为 0.0；将时间轴滑块移动到 00:00:06:15 处，参数设置为"100.0"；再将时间轴滑块移动到 00:00:07:05 处，"主振幅"参数设置为"0.0"。效果如图 2-74 所示。

图 2-73　"主振幅"关键帧效果（字幕二）

图 2-74　"主振幅"关键帧效果（字幕三）

⑱ 将时间轴滑块移动到00:00:07:21位置，输入第四条字幕"总制片人：萨阿德·西迪基"，参数调制同上。

⑲ 将时间轴滑块移动到00:00:07:21位置，在"效果控件"窗口中找到"位置"，设置参数为"-1352.0 -765.0"；再将时间轴滑块移动到00:00:09:21位置，参数设置为"1352.0 -765.0"，效果如图2-75所示。

⑳ 将时间轴滑块移动到00:00:08:11位置，将"主振幅"参数设置为"0.0"；将时间轴滑块移动到00:00:08:23位置，参数设置为"100.0"；再将时间轴滑块移动到00:00:09:07位置，参数设置为"0.0"。

㉑ 将时间轴滑块移动到00:00:09:29位置，输入第五条字幕"制片人：杰里米·西杜"，参数调制同上。

㉒ 将时间轴滑块移动到00:00:10:21位置，在"效果控件"窗口中找到"缩放"，参数设置为"0.0"；再将时间轴滑块移动到00:00:11:08位置，参数设置为"100.0"。

㉓ 将时间轴移滑块动到00:00:10:22位置，将"主振幅"参数设置为"0.0"；再将时间轴滑块移动到00:00:11:08位置，参数设置为"0.0"。效果如图2-76所示。

图2-75 "位置"关键帧效果（字幕四）　　　图2-76 "主振幅"关键帧效果（字幕五）

㉔ 将时间轴滑块移动到00:00:11:26位置，输入第六条字幕"策划：安娜·梅西"，参数调制同上。

㉕ 将时间轴滑块移动到00:00:11:26位置，在"效果控件"窗口中找到"位置"，参数设置为"907.0　540.0"；再将时间轴移动滑块到00:00:13:03位置，参数设置为"1653.0 540.0"，效果如图2-77所示。

㉖ 将时间轴滑块移动到00:00:12:03位置，将"主振幅"参数设置为"0"；将时间轴滑块移动到00:00:13:02位置，参数设置为"100"；再将时间轴滑块移动到00:00:13:13位置，参数设置为"0"。

㉗ 将时间轴滑块移动到00:00:14:26位置，输入第七条字幕"发行：诺曼·贝尔"，参数调制同上。

㉘ 将时间轴滑块移动到00:00:14:26位置，在"效果控件"窗口中找到"位置"，参数设置为"2328.0　540.0"；再将时间轴移滑块动到00:00:16:09位置，参数设置为"1620.0 540.0"，效果如图2-78所示。

㉙ 将时间轴滑块移动到00:00:14:27位置，将"主振幅"参数设置为"0.0"；将时间轴滑

图2-77 "位置"关键帧效果（字幕六）　　　图2-78 "位置"关键帧效果（字幕七）

块移动到00:00:15:12位置，参数设置为"100.0"；再将时间轴滑块移动到00:00:16:07位置处，参数设置为"0.0"。

㉚ 将时间轴滑块移动到00:00:17:03位置，分别输入第八条字幕"编剧："和"布鲁克林·苏丹"，参数调制同上。

㉛ 将字幕"编剧："的时间轴滑块移动到00:00:17:26位置，在"效果控件"窗口中找到"位置"，参数设置为"1317.0　562.0"；再将时间轴滑块移动到00:00:18:11位置，参数设置为"1672.0　540.0"。

㉜ 将字幕"布鲁克林·苏丹"的时间轴滑块移动到00:00:17:04位置，在"效果控件"窗口中找到"位置"，参数设置为"1768.0　1283.0"；再将时间轴滑块移动到00:00:18:09位置，参数设置为"1672.0　542.0"。

㉝ 将字幕"编剧："的时间轴滑块移动到00:00:18:03位置，将"主振幅"参数设置为"0.0"；将时间轴滑块滑块移动00:00:18:17位置，参数设置为"100.0"；再将时间轴滑块移动00:00:18:22位置，参数设置为"0"。

将字幕"布鲁克林·苏丹"的时间轴滑块移动到00:00:17:24位置，将"主振幅"参数设置为"0.0"；将时间轴滑块移动00:00:18:09位置，参数设置为"100.0"；再将时间轴滑块移动00:00:18:17位置，参数设置为"0"。

㉞ 将字幕"布鲁克林·苏丹"的时间轴滑块移动到00:00:17:04位置，在"效果控件"窗口中找到"缩放"，参数设置为"0.0"；再将时间轴滑块移动到00:00:18:07位置，参数设置为"100.0"。效果如图2-79所示。

㉟ 将时间轴滑块移动到00:00:19:23位置，分别输入第九条字幕"领衔主演："和"霍塞·帕布罗"，参数调制同上。

㊱ 将字幕"领衔主演："的时间轴滑块移动到00:00:19:23位置，在"效果控件"窗口中找到"位置"，参数设置为"1200.0　540.0"；再将时间轴滑块移动到00:00:20:16位置，"位置"参数设置为"1639.0　540.0"位置。

将字幕"霍塞·帕布罗"的时间轴滑块移动到00:00:19:23位置，参数设置为"2543.0　540.0"；再将时间轴滑块移动00:00:20:16位置，参数设置为"1632.0　540.0"。

㊲ 将字幕"领衔主演："的时间轴滑块移动到00:00:19:23位置，将"主振幅"参数设置为"0.0"；将时间轴滑块移动到00:00:20:15位置，参数设置为"100.0"；再将时间轴滑块移动到00:00:20:26位置，参数设置为"0.0"。

㊳ 将字幕"霍塞·帕布罗"的时间轴滑块移动到00:00:19:30位置，将"主振幅"参数设置为"0.0"；将时间轴滑块移动到00:00:20:17位置，参数设置为"100.0"；再将时间轴滑块移动到00:00:20:29位置，参数设置为"0.0"。效果如图2-80所示。

㊴ 将时间轴滑块移动到00:00:19:23位置，分别输入第十条字幕"摄影指导："和"布鲁克林·苏丹"，参数调制同上。

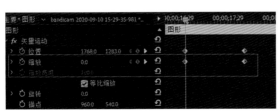

图2-79　"缩放"关键帧效果（字幕八）

图2-80　"主振幅"关键帧效果（字幕九）

㊵ 将字幕"摄影指导："的时间轴滑块移动到00:00:22:23位置，在"效果控件"窗口中找到"位置"，参数设置为"1200.0　540.0"；再将时间轴滑块移动到00:00:23:19位置，参数设置为"1639.0　540.0"，效果如图2-81所示。

将字幕"布鲁克林·苏丹"的时间轴滑块移动到00:00:22:23位置，参数设置为"3295.0 540.0"；再将时间轴滑块移动到00:00:23:19位置，参数设置为"1639.0　540.0"。

㊶ 将字幕"摄影指导："的时间轴滑块移动到00:00:22:26位置，将"主振幅"参数设置为"0.0"；将时间轴滑块移动到00:00:23:19位置，参数设置为"100.0"；再将时间轴滑块移动到00:00:24:04位置，参数设置为"0.0"。

将字幕"布鲁克林·苏丹"的时间轴滑块移动到00:00:22:25位置，将"主振幅"参数设置为"0.0"；将时间轴滑块移动到00:00:23:21位置，参数设置为"100.0"；再将时间轴滑块移动到00:00:24:8位置，参数设置为"0.0"。

㊷ 将时间轴滑块移动到00:00:19:23位置，分别输入第十一条字幕"导演："和"罗伯特·朗罗"，参数调制同上。

㊸ 将字幕"导演："的时间轴滑块移动到00:00:25:24位置，在"效果"窗口中找到"位置"，参数设置为"1709.0　775.0"；再将时间轴滑块移动到00:00:26:27位置，参数设置为"1709.0　540.0"。

将字幕"罗伯特·朗罗"的时间轴滑块移动到00:00:25:25位置，在"效果"窗中找到"位置"参数设置为"1789.0　1012.0"；再将时间轴滑块移动到00:00:26:27位置，参数设置为"1709.0　540.0"，效果如图2-82所示。

图2-81　"位置"关键帧效果（字幕十）　　　　图2-82　"位置"关键帧效果（字幕十一）

㊹ 将字幕"导演："的时间轴滑块移动到00:00:25:28位置，将"主振幅"参数设置为"0.0"；将时间轴滑块移动到00:00:26:28位置，参数设置为"100.0"；再将时间轴滑块移动到00:00:27:18位置，参数设置为"0.0"。

㊺ 将字幕"罗伯特·朗罗"的时间轴滑块移动到00:00:26:14位置，将"主振幅"参数设置为"0.0"；将时间轴滑块移动到00:00:26:29位置，参数设置为"100.0"；再将时间轴滑块移动到00:00:27:15位置，参数设置为"0.0"。

㊻ 单击"文件"→"新建"→"旧版标题"，宽度设置为"1920"，高度设置为"1080"，效果如图2-83所示。

㊼ 选择文字工具输入"惊影"，在下方选择"文字效果"，效果如图2-84所示。

图2-83　"旧版标题"效果　　　　　　　图2-84　文字输入标题效果

(48) 将字幕拖入视频00:00:27:29处，右键单击“速度”，更改持续时间为00:00:05:09。

(49) 将时间轴滑块移动到00:00:28:15位置，在“效果控件”窗口中找到“缩放”，参数设置为“4156.0”；将时间轴滑块移动到00:00:30:29位置，参数设置为“100.0”。

(50) 将时间轴滑块移动到00:00:28:02位置，在“效果控件”窗口中找到“不透明度”，参数设置为“0.0%”；再将时间轴滑块移动到00:00:30:11位置，参数设置为“100.0%”。

(51) 将字幕按住“Alt”向上拖动，复制一层，删除所有关键帧，将文字颜色更改为“白色”，在“透明度”中添加“椭圆蒙版”，效果如图2-85所示。

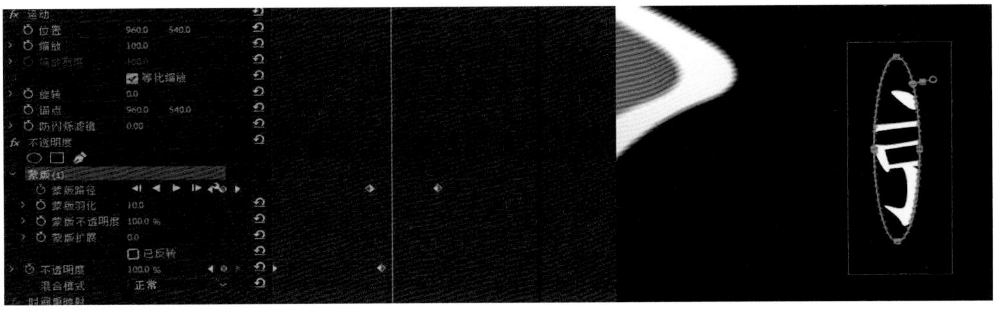

图2-85　蒙版路径效果

(52) 将时间轴滑块移动到“蒙版”00:00:30:04位置，字幕前面添加关键帧；将时间轴滑块移动到00:00:31:18位置，将“蒙版”拖拽到字幕后面，做出“扫光字效果”。效果如图2-86所示。

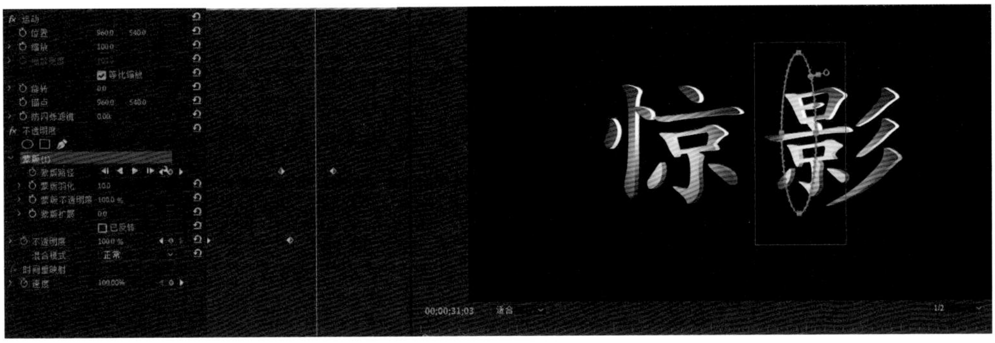

图2-86　扫光字效果

(53) 在“效果”窗口中搜索“交叉溶解”，拖入每个字幕的结尾，做出“淡出”效果。在结尾字幕“惊影”中，添加效果“黑场过渡”，拖入字幕结尾。

(54) 单击“文件”菜单中的“导出”→“媒体”命令，弹出“导出设置”对话框，设置格式为“MPEG24”，选择“输出名称”，修改为“惊影”，保存路径，“导出”视频。

2.4.2　创建字幕动画——逃脱计划

① 创建一个“新建项目”，将项目保存位置修改为自己想要的盘符目录位置，项目名称修改为“逃脱计划”。按下组合键“Ctrl+N”，创建新的序列，在“序列预设”窗口中展开“AVCHD”选项，选择“AVCHD 1080i25（50i）”选项，将“序列名称”修改为“逃脱计划”。

② 按下组合键“Ctrl+I”，弹出“导入”对话框。在该对话框中选择“素材”→“第2章”→“2.4.2逃脱计划”文件夹中的视频素材“逃脱计划素材.mp4”，将其拖拽到“时间线”面板的“V1”轨道中。

③ 右键单击素材，选择"取消链接"，单击音频轨道链接的音频素材，将其删除，然后将"运动"中的"缩放"修改为"160"。

④ 按下组合键"Ctrl+I"，弹出"导入"对话框。在该对话框中选择"素材"→"第2章"→"2.4.2逃脱计划"文件夹中的音频素材"逃脱计划背景音乐.mp3"，将其拖拽到"时间线"面板的"A1"轨道中。

⑤ 在"效果控件"面板中取消"运动"命令下的"等比缩放"，将"缩放"设置为"110.0"，"位置"设置为"960.0　540.0"，如图2-87所示。

图2-87　"缩放"与"位置"设置

⑥ 将时间轴滑块移动到00:00:00:29位置，在"效果"窗口中选择"视频效果"→"模糊与锐化"→"高斯模糊"特效，并将其拖拽到字幕"制片人：迈克尔·艾恩赛德"上。将时间轴滑块移动到00:00:00:28位置，将"模糊度"数值设置为"100.0"；再将时间轴滑块移动到00:00:01:13位置，将"模糊度"数值设置为"2.5"。在"效果"窗口中选择"视频效果"→"扭曲"→"波形变形"特效，并将其拖拽到字幕"制片人：迈克尔·艾恩赛德"上。将时间轴滑块移动到00:00:00:28位置，将"波形高度"数值设置为"-100"；将时间轴滑块移动到00:00:01:13位置，将"波形高度"数值设置为"-3"；再将时间轴滑块移动到00:00:02:04位置，将"波形高度"数值设置为"0"。效果如图2-88所示。

图2-88　"模糊度"与"波形高度"设置（一）

⑦ 将时间轴滑块移动到00:00:07:13位置，在"效果"窗口中选择"视频效果"→"模糊与锐化"→"高斯模糊"特效，并将其拖拽到字幕"美术监督：杰姆斯·赫伯特"上。将时间轴滑块移动到00:00:07:13位置，将"模糊度"数值设置为"100.0"；再将时间轴滑块移动到00:00:08:03位置，将"模糊度"数值设置为"0"。在"效果"窗口中选择"视频效果"→"扭曲"→"波形变形"特效，并将其拖拽到字幕"美术监督：杰姆斯·赫伯特"上。将时间轴滑块移动到00:00:07:28位置，将"波形高度"数值设置为"-100"；再将时间轴滑块移动到

00:00:08:07位置，将"波形高度"数值设置为"0"。效果如图2-89所示。

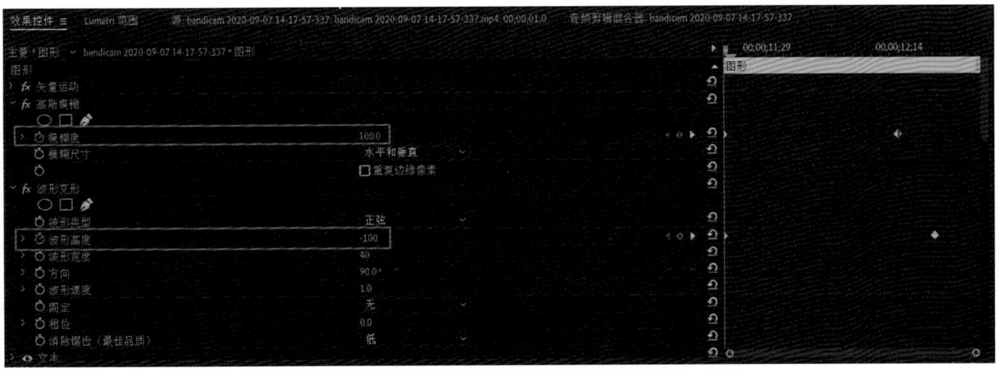

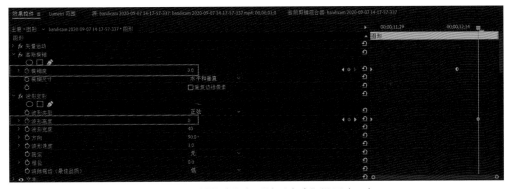

图2-89 "模糊度"与"波形高度"设置（二）

⑧ 将时间轴滑块移动到00:00:11:24位置，在"效果"窗口中选择"视频效果"→"模糊与锐化"→"高斯模糊"特效，并将其拖拽到字幕"摄影监督：萨阿德·西迪基"上。将时间轴滑块移动到00:00:11:24位置，将"模糊度"数值设置为"100.0"；再将时间轴滑块移动到00:00:12:14位置，将"模糊度"数值设置为"0"。在"效果"窗口中选择"视频效果"→"扭曲"→"波形变形"特效，并将其拖拽到字幕"摄影监督：萨阿德·西迪基"上。将时间轴滑块移动到00:00:11:24位置，将"波形高度"数值设置为"-100"；再将时间轴滑块移动到00:00:12:19位置，将"波形高度"数值设置为"0"。效果如图2-90所示。

图2-90 "模糊度"与"波形高度"设置（三）

⑨ 将时间轴滑块移动到00:00:17:14位置，在"效果"窗口中选择"视频效果"→"模糊与锐化"→"高斯模糊"特效，并将其拖拽到字幕"音乐制作人：罗伯·阿彻"上。将时间轴滑块移动到00:00:17:14位置，将"模糊度"数值设置为"100.0"；再将时间轴滑块移动到00:00:18:04位置，将"模糊度"数值设置为"0"。在"效果"窗口中选择"视频效果"→"扭曲"→"波形变形"特效，并将其拖拽到字幕"音乐制作人：罗伯·阿彻"上。将时间轴滑块移动到00:00:17:14位置，将"波形高度"数值设置为"-100"；再将时间轴滑块移动到00:00:18:09位置，将"波形高度"数值设置为"0"。效果如图2-91所示。

⑩ 将时间轴滑块移动到00:00:21:12位置，在"效果"窗口中选择"视频效果"→"模糊与锐化"→"高斯模糊"特效，并将其拖拽到字幕"顾问：詹妮弗·杰森·利玛丽"上。将时间轴滑块移动到00:00:21:12位置，将"模糊度"数值设置为"100.0"；再将时间轴滑块移动到00:00:22:00位置，将"模糊度"数值设置为"0.0"。在"效果"窗口中选择"视频效果"→"扭曲"→"波形变形"特效，并将其拖拽到字幕"顾问：詹妮弗·杰森·利玛丽"上。

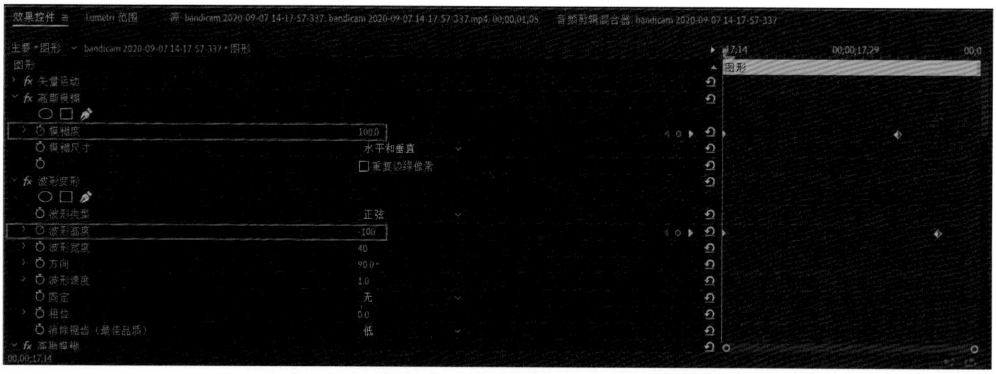

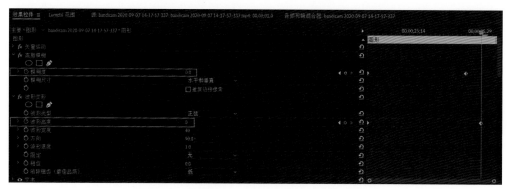

图2-91 "模糊度"与"波形高度"设置（四）

将时间轴滑块移动到00:00:21:12位置，将"波形高度"数值设置为"-100"；再将时间轴滑块移动到00:00:22:05位置，将"波形高度"数值设置为"0"。效果如图2-92所示。

图2-92 "模糊度"与"波形高度"设置（五）

⑪ 将时间轴滑块移动到00:00:25:04位置，在"效果"窗口中选择"视频效果"→"模糊与锐化"→"高斯模糊"特效，并将其拖拽到字幕"助理制作人：史莱克·安娜"上。将时间轴滑块移动到00:00:25:04位置，将"模糊度"数值设置为"100.0"；再将时间轴滑块移动到00:00:25:26位置，将"模糊度"数值设置为"0.0"。在"效果"窗口中选择"视频效果"→"扭曲"→"波形变形"特效，并将其拖拽到字幕"助理制作人：史莱克·安娜"上。将时间轴移动到00:00:25:04位置，将"波形高度"数值设置为"-100"；再将时间轴滑块移动到00:00:25:29位置，将"波形高度"数值设置为"0"。效果如图2-93所示。

图2-93 "模糊度"与"波形高度"设置（六）

⑫ 将时间轴滑块移动到00:00:30:14位置，在"效果"窗口中选择"视频效果"→"模糊与锐化"→"高斯模糊"特效，并将其拖拽到字幕"导演：克里夫·斯丹顿"上。将时间轴滑块移动到00:00:30:14位置，将"模糊度"数值设置为"100.0"；再将时间轴滑块移动到00:00:31:05位置，将"模糊度"数值设置为"0.0"。在"效果"窗口中选择"视频效

果"→"扭曲"→"波形变形"特效，并将其拖拽到字幕"导演：克里夫·斯丹顿"上。将时间轴滑块移动到00:00:30:14位置，将"波形高度"数值设置为"−100"；再将时间轴滑块移动到00:00:31:09位置，将"波形高度"数值设置为"0"。效果如图2-94所示。

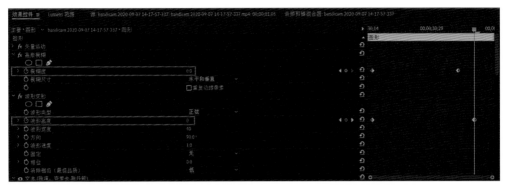

图2-94 "模糊度"与"波形高度"设置（七）

⑬ 将最后一段视频按住"Alt"复制一个，添加到题目字幕"逃脱计划"下面。在"效果"窗口中选择"视频效果"→"键控"→"轨道遮罩键"特效，并将其拖拽到复制的视频上，将"遮罩"设置到"视频2"，如图2-95所示。

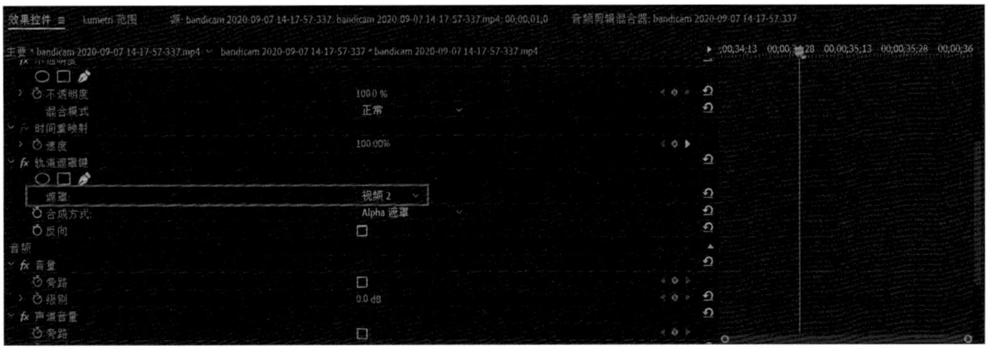

图2-95 "遮罩"效果

⑭ 将时间轴滑块移动到00:00:33:23位置，在"效果控件"窗口中找到"缩放"，参数设置为"3180.0"；再将时间轴滑块移动到00:00:33:23位置，在"效果控件"窗口中找到"不透明度"，参数设置为"0.0%"；再将时间轴滑块移动到00:00:34:24位置，在"效果控件"窗口中找到"不透明度"，参数设置为"100.0%"；再将时间轴滑块移动到00:00:34:24位置，在"效果控件"窗口中找到"缩放"，参数设置为"100.0"，如图2-96所示。

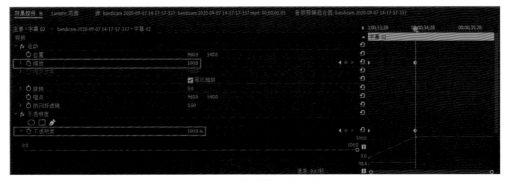

图2-96 "不透明度"效果

⑮ 最终字幕效果如图2-97所示。

图2-97　"轨道遮罩键"效果

⑯ 单击"文件"菜单中的"导出"→"媒体"命令，弹出"导出设置"对话框，设置格式为"MPEG24"，选择"输出名称"，修改为"逃脱计划"，保存路径，"导出"视频。

第 3 章

字体综合应用

3.1 手写字效果——青春

3.1.1 效果赏析

本案例效果如图3-1所示。

图3-1 "青春"手写字

3.1.2 知识节点

核心技术1：通过"手写字"效果特效，制作出字幕文字。

核心技术2："滤色混合模式"的应用。

3.1.3 案例素材

本案例采用的素材如图3-2所示。

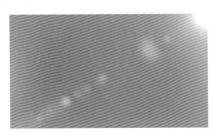

图3-2 本案例所采用的素材

3.1.4 案例实战

实战镜头中创建的片名字幕效果如图3-3所示。

① 创建一个"新建项目"，将项目保存位置修改为自己想要的盘符目录位置，项目名称修改为"青春"。按下组合键"Ctrl+N"，创建新的序列，在"序列预设"窗口中展开"AVCHD"选项，选择"AVCHD 1080i25（50i）"选项，将"序列名称"修改为"青春"。

② 按下组合键"Ctrl+I"，弹出"导入"对话框。在该对话框中选择"光盘（F：）"→"素材"→"第3章"→"3.1青春"文件夹中的视频素材"天空.mp4"，将其拖拽到"时间线"面

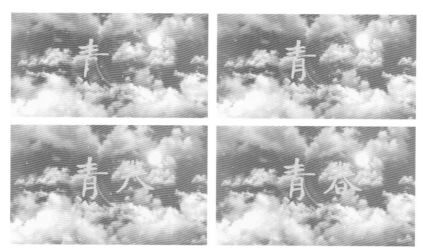

图3-3　创建的字幕效果

板的"V1"轨道中。

③ 按下组合键"Ctrl+I"，弹出"导入"对话框。在该对话框中选择"光盘（F：）"→"素材"→"第3章"→"3.1青春"文件夹中的音频素材"背景音乐.mp3"，将其拖拽到"时间线"面板的"A1"轨道中。

④ 按下组合键"Ctrl+I"，弹出"导入"对话框。在该对话框中选择"光盘（F：）"→"素材"→"第3章"→"3.1青春"文件夹中的音频素材"光效.mp4"，将其拖拽到"时间线"面板的"V3"轨道中。

⑤ 单击"效果控件"面板，找到"不透明度"→"混合模式"→"滤色"命令，并将其拖拽到素材位置上，如图3-4所示。

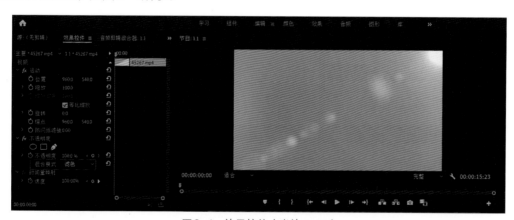

图3-4　效果控件（光效.mp4）

⑥ 按下组合键"Ctrl+I"，弹出"导入"对话框。在该对话框中选择"光盘（F：）"→"素材"→"第3章"→"3.1青春"文件夹中的音频素材"粒子.mp4"，先将时间轴移动到00:00:01:19，再将其拖拽到"时间线"面板的"V2"轨道中。

⑦ 单击"效果控件"面板，找到"不透明度"→"混合模式"→"滤色"命令，并将其拖拽到素材位置上，如图3-5所示。

⑧ 按下组合键"Ctrl+I"，弹出"导入"对话框。在该对话框中选择"光盘（F：）"→"素材"→"第3章"→"3.1青春"文件夹中的音频素材"粒子拖尾.mp4"，先将时间轴移动到00:00:08:16，再将其拖拽到"时间线"面板的"V3"轨道中。

图3-5　效果控件（粒子.mp4）

⑨ 单击"效果控件"面板，找到"不透明度"→"混合模式"→"滤色"命令，并将其拖拽到素材位置上，如图3-6所示。

图3-6　效果控件（粒子拖尾.mp4）

⑩ 单击"文本工具"，输入"青春"。

⑪ 在"时间线"文本上右击，选择"嵌套"，如图3-7所示。

图3-7　嵌套文字

⑫ 单击"效果"面板，查找"视频效果"→"生成"→"书写"命令，并将其拖拽到嵌套文本上面，如图3-8所示。

⑬ 打开"效果控件"面板，找到"书写"命令，将"画笔大小"调整到"22.0"，"画笔硬度"调整到"100%"，"画笔不透明度"调整到"100.0%"，"画笔间隔（秒）"调整到"0.001"，"颜色"设置为"红色"，如图3-9所示。

图3-8 "效果"面板　　　　图3-9 "书写"命令设置

⑭ 将中心点拖拽到"青春"字体第一笔开头，在画笔位置上打上关键帧""，往前移动"3"帧，再将中心点按字体开头到第一笔结束。依次类推，将"青春"笔画写完。再找到"效果控件"面板，找到"书写"→"绘制样式"→"显示原始图像"命令，如图3-10所示。

⑮ 单击"文件"菜单中的"导出"→"媒体"命令，弹出"导出设置"对话框，将格式设置为"H.264"，选择"输出名称"，修改为"青春"，保存路径，导出视频。

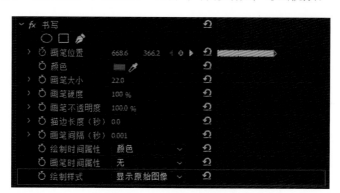

图3-10 "效果控件"面板

3.2 滚动字幕——演员表

① 创建一个"新建项目"，将项目保存位置修改为自己想要的盘符目录位置，项目名称修改为"演员表"。按下组合键"Ctrl+N"，创建新的序列，在"序列预设"窗口中展开"AVCHD"选项，选择"AVCHD 1080i25（50i）"选项，将"序列名称"修改为"演员表"。

② 按下组合键"Ctrl+I"，弹出"导入"对话框。在该对话框中选择"光盘（F：）"→"素材"→"第3章"→"3.2演员表"文件夹中的音频素材"背景音乐.mp4"，将其拖拽到"时间线"面板的"A1"轨道中。

③ 单击"文件"→"新建"→"旧版标题"，宽度设置为"1920"，高度设置为"1080"，选择文本复制"演员表"素材文字后将"速率持续时间"更改为"00:01:29:14"，效果如图3-11所示。

④ 在"工具栏"上方单击"滚动选项"，勾选"滚动""结束于屏幕外"，将"缓入"设置设为"50"，效果如图3-12所示。

图 3-11　"旧版标题"效果

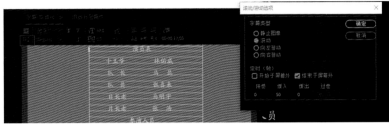

图 3-12　滚动字幕标题效果

⑤ 将时间轴滑块移动到 00:01:29:14 位置，利用工具栏中的"剃刀"工具，裁剪去多余的背景音乐，在"效果"窗口中选择"指数淡化"效果，用鼠标左键拖拽到音频末尾处，效果如图 3-13 所示。

⑥ 单击"文件"菜单中的"导出"→"媒体"命令，弹出"导出设置"对话框，设置格式为"H.264"，选择"输出名称"，修改为"演员表"，保存路径，导出视频，效果如图 3-14 所示。

图 3-13　"指数淡化"效果

图 3-14　导出设置效果

3.3　企业宣传片头——奋进中的蓝天

① 启动 Premiere Pro CC 2019 程序，选择"文件"→"打开项目"，如图 3-15 所示，打开"光盘（F：）"→"素材"→"第 3 章"→"3.3 奋进中的蓝天"文件夹中的"背景素材合成组 .prproj"工程文件，如图 3-16 所示。

② 双击"项目面板"，如图 3-17 所示，打开"光盘（F：）"→"素材"→"第 3 章"→"3.3 奋进中的蓝天"→"素材"→"BG1"文件夹中的"BG1_00000.jpg"，并且把"图片序列"选项打上对钩，如图 3-18 所示。

③ 将导入的"BG1_00000.jpg"素材（如图 3-19 所示）从项目面板中拖拽到"V1"视频轨道中，如图 3-20 所示。

图 3-15　打开项目

图3-16　选择"背景素材合成组.prproj"

图3-17　双击"项目面板"

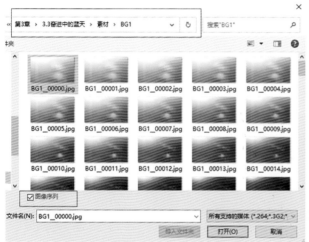

图3-18　选择"BG1_00000.jpg"素材

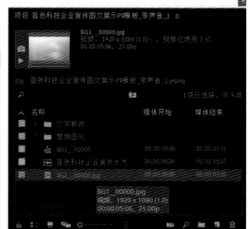

图3-19　BG1_00000.jpg素材

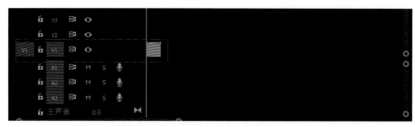

图3-20　导入"V1"视频轨道

④ 选择"文件"→"打开项目",选择打开"光盘(F:)"→"素材"→"第3章"→"3.3奋进中的蓝天"文件夹中的"蓝色科技公司企业宣传片合成组.prproj",如图3-21所示。

⑤ 选择项目面板中的"替换图片"文件夹,如图3-22所示,双击打开"替换图片_企业1.jpg"序列,效果如图3-23所示。

⑥ 选中"V1"视频轨道,选择"替换图片_企业1.jpg",如图3-24所示。选择替换图片文件夹中的"替换图片_企业16.jpg",如图3-25所示。

⑦ 按住"Alt"键,将"替换图片_企业16.jpg"拖拽到"V1"轨道中的"替换图片_企业1.jpg"的视频上进行替换。替换完成后的效果如图3-26所示。(注意:在这里一定要按住"Alt"键去拖拽才能保留上一个视频轨道预设的效果!)

图 3-21 选择文件夹中的"蓝色科技公司企业宣传片合成组 .prproj"

图 3-22 双击打开"替换图片 _企业 1.jpg"

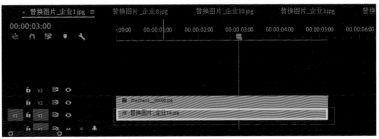

图 3-23 打开后的效果

图 3-24 选择"替换图片 _企业 1.jpg"

图 3-25 替换为"替换图片 _企业 16.jpg"

图 3-26 替换完成后的效果

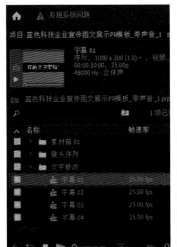

⑧ 按照"替换图片 _企业 16.jpg"替换序列中的"替换图片 _企业 1.jpg"素材,依次按照"替换图片 _企业 15.jpg"替换序列中的"替换图片 _企业 2.jpg"的替换方式把剩下的 14 个替换图片序列替换完成。

⑨ 选择项目面板中的"文字修改文件夹",如图 3-27 所示,双击"字幕 01"序列。打开字幕修改的序列,如图 3-28 所示。

图 3-27 双击"字幕 01"序列

图 3-28 打开序列后的效果

⑩ 双击"V1"视频轨道中的"字幕01"打开字幕修改面板，如图3-29所示。打开"光盘（F：）"→"素材"→"第3章"→"3.3奋进中的蓝天"素材文件夹中的"文字素材"中的"文字.txt"记事本文件，打开后内容如图3-30所示。

⑪ 按照记事本中的1～16的顺序复制第一个文字"奋进中的蓝天"，然后转到刚刚打开的"字幕修改面板"，用刚刚复制来的文字对替换字幕进行修改，修改完成的字幕如图3-31所示。

图3-29 双击"字幕01"后的效果

```
1、奋进中的蓝天
2、正象于型，顺融于恒。
3、正聚软实力，顺势大力沉。
4、网罗正象，顺融未来。
5、大象无形，融通天下！
6、创新谋发展，智慧引未来。
7、正青春，融未来。
8、大象无形，天财顺融。
9、正象顺融，科技无穷。
10、正象天下，万事顺融。
11、网罗正象，顺融未来。
12、正象有道，顺融智造。
13、正软件万象，顺外包共融。
14、融入智慧，用芯创造。
15、正象和顺，软硬通融。
16、正向而卓越，顺融而远大。
```

图3-30 打开"文字.txt"

图3-31 替换文字为"奋进中的蓝天"

⑫ 按照"1、奋进中的蓝天"替换"字幕01"序列中字幕的顺序依次用"2、正象于型，顺融于恒。"替换"字幕02"序列等，然后将16个序列全部替换完成。（低于八个字的文字使用"黑体"69号，高于八个字的文字使用"黑体"51号）

⑬ 找到序列BG1_00008，如图3-32所示，双击打开，打开后的效果如图3-33所示。

⑭ 双击"落版文字"，打开后如图3-34所示，将"你的LOGO"文字替换为"奋进中的蓝天"，文字大小设置为"69号"，文字字体设置为"方正楷体"，如图3-35所示。

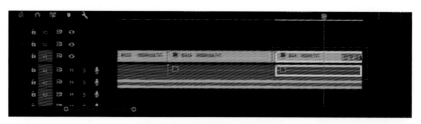

图3-32 序列BG1_00008

图3-33 打开后的效果

图3-34　双击打开"落版文字"

图3-35　将文字修改为"奋进中的蓝天"

⑮ 将字幕文件替换完成后打开"蓝色科技公司企业宣传片合成组.prproj",如图3-36所示,打开后的效果如图3-37所示。

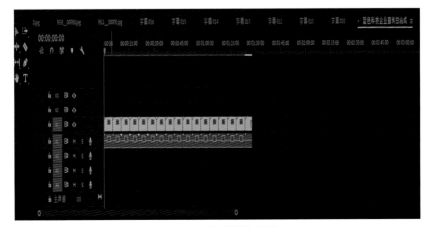

图3-36　打开"蓝色科技公司企业宣传片合成组.prproj"

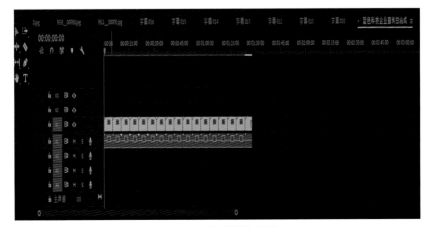

图3-37　打开后的序列

⑯ 双击"项目面板",选择"文件"→"打开项目",打开文件夹中的"蓝色科技企业宣传大气音频素材",如图3-38所示。导入后如图3-39所示。

图3-38　选择音频素材　　　　　　　　　　　　　　图3-39　导入后的项目面板

⑰ 将时间轴窗口的"时间指针"拖拽到"00:00:00:00"中,如图3-40所示。将刚刚导入的"蓝色科技企业宣传大气音频素材"从项目面板拖拽到音频轨道"A1"轨道中,并与视频对齐,如图3-41所示。

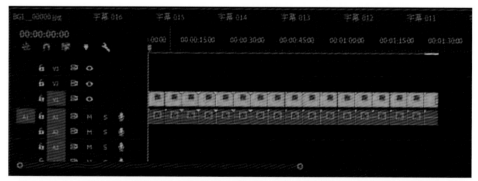

图3-40　将时间指针拖拽到"00:00:00:00"中

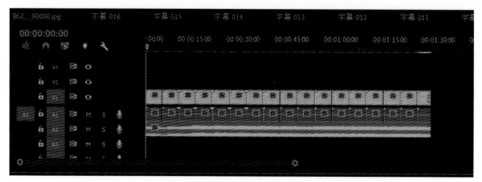

图3-41　将"蓝色科技企业宣传大气音频素材"导入"A1"轨道中

⑱ 选择时间轴面板,按下组合键"Ctrl+M"进行视频的渲染,如图3-42所示。输出格式设置为"H.264",输出名称设置为"企业宣传片",如图3-43所示,单击"导出"。

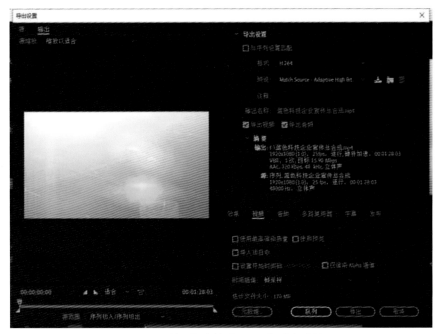

图3-42　按下组合键"Ctrl+M"进行渲染

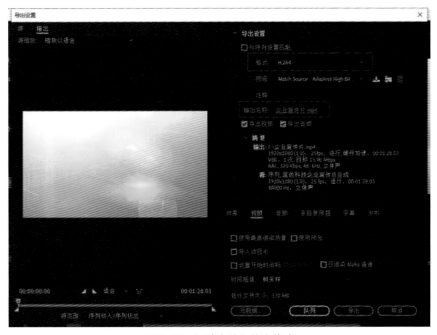

图3-43　更改名称和输出格式

3.4　扫光特效字幕——法治在线

① 启动 Premiere Pro CC 2019 程序，单击"新建项目"按钮，如图3-44所示，弹出"新建项目"窗口。

② 将项目保存位置修改为自己想要的盘符目录位置，项目名称修改为"法制在线"，如图3-45所示。

图3-44　创建新项目　　　　　　　　　　　图3-45　修改项目名称

③ 项目创建完成后，在"项目"面板右下方，单击"创建"按钮或按下组合键"Ctrl+N"，创建新的序列，如图3-46所示。

④ 在"序列预设"窗口中展开"AVCHD"选项，选择"AVCHD 1080i25（50i）"选项，创建"1920×1080"序列，将"序列名称"修改为"法治在线"，如图3-47所示。

图3-46　单击"新建序列"命令　　　　　　　图3-47　设置"序列预设"

⑤ 单击"文件"→"导入"命令或按下组合键"Ctrl+I"，弹出"导入"对话框。在该对话框中选择"光盘（F：）"→"素材"→"第3章"→"3.4法治在线"文件夹中所需的"背景""文字""飘扬的国旗"三个素材导入Premiere中的"项目"面板，如图3-48、图3-49所示。

⑥ 确认"时间线"面板的当前位置标记处于00:00:00:00帧的位置，将刚刚导入的"背景"素材拖拽到轨道"V1"中，如图3-50所示。

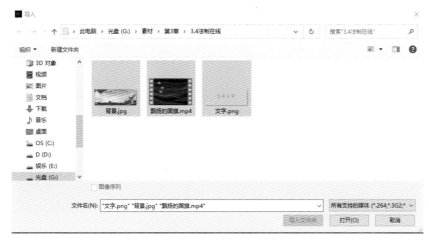

图3-48　选择图像素材

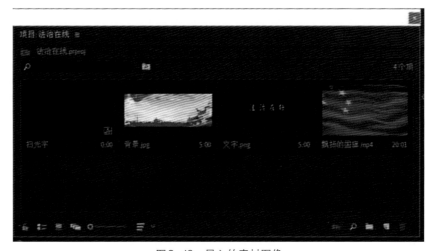

图3-49　导入的素材图像

图3-50　拖入"背景"素材

⑦ 将刚刚导入的"飘扬的国旗"素材拖拽到轨道"V2"中，如图3-51所示。

图3-51　拖入"飘扬的国旗"素材

⑧ 选中"飘扬的国旗"素材，把时间指针设置在"00:00:04:15"处，按下组合键"Ctrl+K"，进行视频的裁剪，然后将裁剪完成的视频的后半段通过按下键盘上的"Delete"键删除，如图3-52所示。

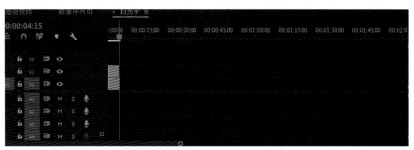

图3-52　裁剪"飘扬的国旗"素材

⑨ 选中裁剪好的"飘扬的国旗"素材，单击"效果控件"，如图3-53所示。设置"不透明度"为"80.0%"，如图3-54所示。

⑩ 选中刚才的"V1"轨道中的"背景"素材，选择"效果控件"，将"缩放"设置为"155.0"，如图3-55所示。

图3-53　选择"效果控件"　　　　图3-54　设置"不透明度"　　　　图3-55　设置"缩放"

⑪ 在"时间轨道面板"上单击鼠标右键，选择"添加轨道"，单击"确定"，如图3-56所示。

⑫ 将"法治在线"素材拖拽到"V3"轨道中，按住"Alt"键向上拖拽复制一个新的"法治在线"素材到"V4"轨道，如图3-57所示。

图3-56　选择"添加轨道"　　　　　　　图3-57　复制"法治在线"素材

⑬ "V3""V4"轨道的"缩放"设置为"200.0"，如图3-58所示。

⑭ 打开"效果"面板，为"V4"轨道素材添加视频效果"亮度曲线"，如图3-59所示，调试"曲线"效果，如图3-60所示。

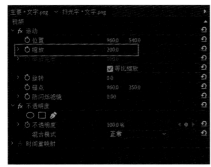

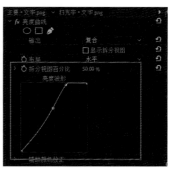

图3-58　设置"缩放"　　　　图3-59　添加"亮度曲线"　　　图3-60　调试"曲线"效果

⑮ 在"V4"素材中选择"效果控件"→"不透明度"→"椭圆形蒙版",如图3-61所示,为"V4"轨道添加一个"椭圆形蒙版",如图3-62所示。

图3-61　选择"椭圆形蒙版"　　　　图3-62　添加"椭圆形蒙版"

⑯ 为该蒙版的"蒙版路径"开启"自动关键帧"按钮,如图3-63所示。

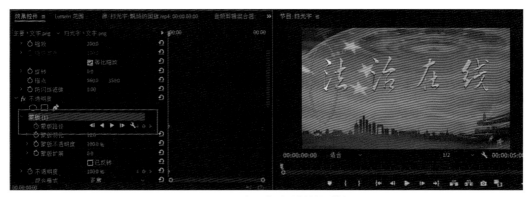

图3-63　开启"自动关键帧"按钮

⑰ 将时间轴指针移动到00:00:04:15处,如图3-64所示。将"椭圆遮罩"移动到文字最后,如图3-65所示。

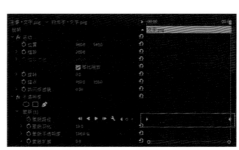

图3-64　时间轴指针位置　　　　图3-65　"椭圆遮罩"位置设置

⑱ 单击"文件"菜单中的"导出"→"媒体"命令，弹出"导出设置"对话框，设置格式为"MPEG2"，选择"输出名称"，保存名称为"法治在线"，导出视频，如图3-66所示。

图3-66 更改输出设置

第4章

栏目片头制作

栏目片头是电视栏目的重要组成部分，它对节目起着形象化包装的作用，对定位起着有效诠释的作用。在现代生活中，栏目片头一直是广大电视观众最关注的镜头。栏目片头既要有时效性，又要有可视性。好的栏目片头，要突出栏目的特性，起到吸引观众观看的效果。

4.1 节目预告片头——节目预告

4.1.1 效果赏析

本案例效果如图4-1所示。

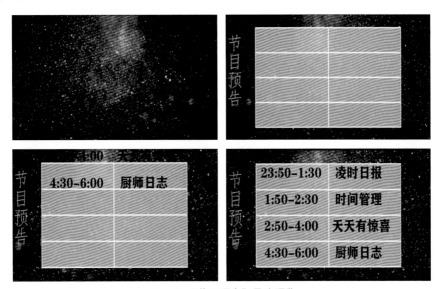

图4-1 "节目预告"最终预览

4.1.2 知识节点

核心技术1：为图形添加"网格"效果，产生网格线条的效果。

核心技术2：为字幕添加"线性擦除"效果，实现流畅的转场效果。

4.1.3 案例素材

本案例采用的素材如图4-2所示。

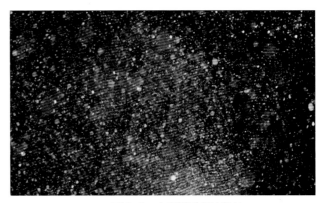

图4-2 本案例采用的素材

4.1.4 案例实战

（1）实战镜头1：创建动态背景

在镜头1中创建动态背景图像，如图4-3所示。

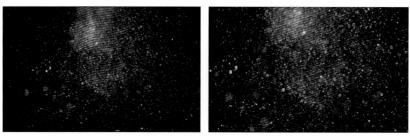

图4-3 创建与实现"动态背景"的效果

创建与实现"动态背景"的具体操作步骤如下：

① 启动Premiere Pro CC 2019，创建一个新项目，在"新建项目"窗口中将项目名称修改为"节目预告"，单击"确定"按钮，如图4-4所示。

② 按下组合键"Ctrl+N"，创建新的序列，找到"设置"下的"编辑模式"，将其改为"自定义"，设置帧大小（水平为"1920"，垂直为"1080"），单击"确定"按钮，进入Premiere Pro CC 2019的工作界面，如图4-5所示。

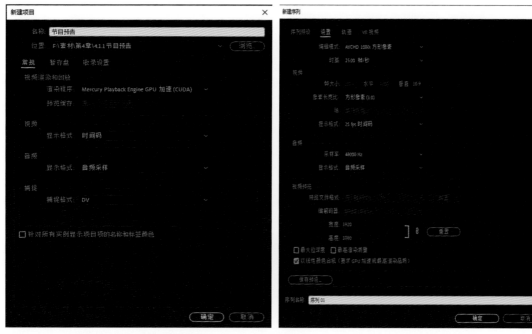

图4-4 "节目预告"项目 　　　　　　　图4-5 "节目预告"序列

③ 按下组合键"Ctrl+I"，弹出"导入"对话框。在该对话框中选择"光盘（F：）"→"光盘素材"→"素材"→"第4章"→"4.1节目预告"文件夹中的素材"素材1.jpg"，单击"打开"按钮，如图4-6所示。

④ 按住鼠标左键不放，将"素材1"拖拽到"时间线"面板的"V1"轨道，如图4-7所示。

图4-6 "素材1.jpg"导入

图4-7 添加素材至轨道中

⑤ 给"素材1.jpg"做一个从小到大的动画,时间为10s。在"视频效果"→"缩放"的第1帧添加关键帧,"缩放"为"52.0",第10s位置添加关键帧,"缩放"为"74.0",如图4-8所示。

> 注意 如果出现播放画面时,画面没有动画,在第一帧时按下"i"键,在最后按下"o"键,然后按下"Enter"键。

图4-8 "缩放"设置

(2)实战镜头2:创建"节目预告"的字幕与网格

在镜头2中创建"节目预告"的字幕,如图4-9所示。

图4-9　"节目预告"的字幕与网格效果

① 单击工具栏中"钢笔工具"的三角扩展菜单，选择"矩形工具"，在"节目：序列01"中画一个矩形，如图4-10所示。

② "颜色"改为"FAD087"，"不透明度"改为"70.0%"，如图4-11所示。

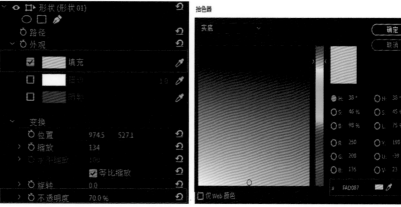

图4-10　"钢笔工具"
中的"矩形工具"

图4-11　效果控件

③ 选择"选择工具"在"节目：序列01"中调整矩形的大小，如图4-12所示。

图4-12　"节目：序列01"中的效果

④ 新建一个字幕，输入"19:00—20:00　新闻播报""20:30—21:30　电影评说""22:00—22:30　今日他说""22:50—23:30　中国五千年"。全部选中字体内容，将"行距"改为"57"，"字体大小"改为"85"，"缩放"改为"130"，"字体"改为"黑体"，"颜色"调成"#000000"，如图4-13所示。

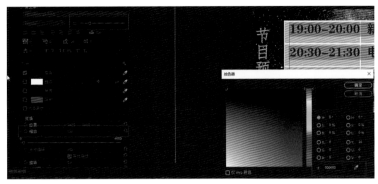

图4-13　"字幕"的效果

⑤ 单击"V3"空白地方，新建一个"图形"，选择"效果"→"视频效果"→"生成"→"网格"，添加给图形，"边角"改为"2.0　273.0"，"边框"改为"15.0"，"颜色"改为"白色"，如图4-14所示。

⑥ 单击"V3"的图形，调出"效果控件"，将其"位置"改为"984.0　537.0"，将"等比缩放"的"对勾"取消，其"缩放高度"改为"81.0"，"缩放宽度"改为"72.0"，如图4-15所示。

⑦ 在"V3"右面右击，选择"添加轨道"，添加"视频轨道"改为"1"条，单击"确定"按钮，如图4-16所示。

图4-14　"网格"设置

图4-15　效果控件

图4-16　"添加轨道"设置

⑧ 单击"V4"空白的地方，选择"文字工具"的"垂直文字工具"，输入"节目预告"，如图4-17所示。

⑨ 字体改为"仿宋"，大小改为"150"，颜色改为"#F28605"，"描边"改为"1.0"，"缩放"改为"120"，如图4-18所示。

图4-17　"文字工具"
的切换

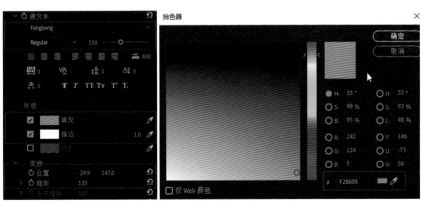

图4-18　效果控件

（3）实战镜头3：给各个图层添加位移动画

① 给"V2"第1帧位置打上关键帧，改为"2700.0　563.0"；第1秒位置打上关键帧，改为"940.0　563.0"。给"图形"第1帧位置打上关键帧，改为"2700.0　544.0"；第1秒位置打上关键帧，改为"960.0　544.0"。给两个图层添加"线性擦除"，在第4秒的时候将"过渡完成"改为"0%"，第5秒的时候将"过渡完成"改为"100%"，如图4-19所示。

图4-19　"过渡完成"设置

② 给字幕"节目预告"位置的第1帧打上关键帧，改为"800.0　540.0"；第1秒时改为"960.0　540.0"；第9秒打上关键帧，不修改参数；第10秒打上关键帧，改为"800.0　540.0"。结果如图4-20所示。

图4-20　"位置"设置

③ 复制"图形"和"字幕"，把"字幕"里的文字改为"23:50—1:30　凌时日报""1:50—2:30　时间管理""2:50—4:00　天天有惊喜""4:30—6:00　厨师日志"，如图4-21所示。

④ 把时间轴调到第一帧，单击"文件"菜单中的"导出"→"媒体"命令，弹出"导出设置"对话框，设置格式为"H.264"，在"输出名称"处输入"节目预告.mp4"，保存路径，导出视频，如图4-22所示。

图4-21　"字幕"效果　　　　　图4-22　"导出"设置

4.2　美食栏目片头——食全食美

4.2.1　效果赏析

本案例效果如图4-23所示。

图4-23　美食片头

4.2.2　知识节点

核心技术：通过素材添加关键帧效果，制作出美食片头。

4.2.3　案例素材

本案例采用的素材如图4-24所示。

图4-24　本案例采用的素材

4.2.4　案例实战

实战镜头中美食片头效果如图4-25所示。

图4-25

图4-25　创建美食片头效果

① 创建一个"新建项目"，将项目保存位置修改为自己想要的盘符目录位置，项目名称修改为"美食片头"，如图4-26所示。按下组合键"Ctrl+N"，创建新的序列，在"序列预设"窗口中展开"AVCHD"选项，选择"AVCHD 1080i25（50i）"选项，将"序列名称"修改为"美食片头"，如图4-27所示。

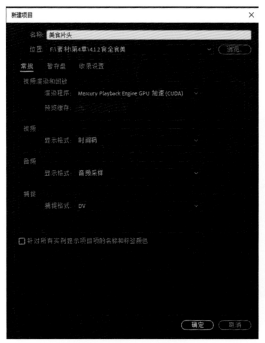

图4-26　"美食片头"项目　　　　　　　　　　图4-27　"美食片头"序列

② 按下组合键"Ctrl+I"，弹出"导入"对话框，在该对话框中选择"光盘（F：）"→"素材"→"第4章"→"4.2美食片头"文件夹中的音频素材"背景音乐.mp4"，将其拖拽到"时间线"面板的"A1"轨道中。再次按下组合键"Ctrl+I"，弹出"导入"对话框。在该对话框中选择"光盘（F：）"→"素材"→"第4章"→"4.2美食片头"文件夹中的音频素材"0-18png"和"背景1-3"格式图片，将其拖拽到"时间线"面板的"V1"轨道中。

③ 将"背景1"持续时间从00:00:00:00延长至00:00:05:00，将"背景2"持续时间从00:00:05:00延长至00:00:07:00，将"背景3"持续时间从00:00:00:00延长至00:00:13:01，效果如图4-28所示。

④ 将"食物素材1"持续时间从00:00:00:05延长至00:00:05:00。在00:00:00:05处，添加位置关键帧为"-316.6,880.0"；将时间线拖拽至00:00:00:14处，添加位置关键帧为"485.6 536.4"。

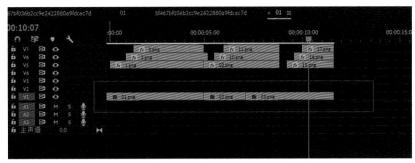

图4-28　时间延长效果

　　⑤ 将"食物素材2"持续时间从00:00:01:00延长至00:00:05:05。将时间轴移动到00:00:01:00，在"效果控件"窗口中选择"位置"，参数设置为"1082.2，-96.6"；将时间轴移动到00:00:01:10，参数设置为"902.2，348.9"。

　　⑥ 将"食物素材3"持续时间从00:00:01:10延长至00:00:05:00。将时间轴移动到00:00:01:10，参数设置为"2173.2，616.7"；再将时间轴移动到00:00:01:20，参数设置为"1280.0，460.9"。

　　⑦ 将"食物素材4"持续时间从00:00:01:20延长至00:00:04:20。将时间轴移动到00:00:01:20，参数设置为"112.0，1268.5"；再将时间轴移动到00:00:02:05，参数设置为"684.9，759.3"。

　　⑧ 将"食物素材5"持续时间从00:00:02:05延长至00:00:04:15。将时间轴移动到00:00:02:05，参数设置为"1565.1，1231.2"；再将时间轴移动到00:00:02:15，参数设置为"1572.9，714.8"。

　　⑨ 将"食物素材6"持续时间从00:00:02:20延长至00:00:04:15。将时间轴移动到00:00:02:20，参数设置为"1572.9，714.8"；再将时间轴移动到00:00:03:05，参数设置为"1736.4，373.9"。效果如图4-29所示。

图4-29　"位置"关键帧效果

　　⑩ 按住"Alt"键将"背景2"复制一份，将其拖拽到"时间线"面板的"V2"轨道，将"背景2"持续时间从00:00:05:00延长至00:00:08:21。将时间轴移动到00:00:00:05，在"效果控件"窗口中找到"缩放"，参数设置为"360"；将时间轴移动到00:00:05:12，参数设置为"0"。

　　⑪ 将时间轴移动到00:00:06:05，在"效果控件"窗口中找到"不透明度"，参数设置为"34.0%"；将时间轴移动到00:00:08:00，参数设置为"34.0%"；再将时间轴移动到00:00:08:02，参数设置为"90.0%"。效果如图4-30所示。

　　⑫ 将"食物素材10"持续时间从00:00:05:13延长至00:00:08:21。

图4-30 "不透明度"效果

⑬ 将"食物素材11"持续时间从00:00:06:00延长至00:00:08:21。

⑭ 将"食物素材12"持续时间从00:00:06:05延长至00:00:08:21。

⑮ 将"食物素材13"持续时间从00:00:06:12延长至00:00:08:21。

⑯ 将"食物素材14"持续时间从00:00:06:17延长至00:00:08:21。

⑰ 将"食物素材15"持续时间从00:00:09:05延长至00:00:11:15。将时间轴移动到00:00:09:05，在"效果控件"窗口中找到"缩放"，参数设置为"0"；将时间轴移动到00:00:09:14，参数设置为"154.0"；再将时间轴移动到00:00:09:14，参数设置为"154.0"。

⑱ 将时间轴移动到00:00:09:14，在"效果控件"窗口中找到"旋转"，参数设置为"360"；再将时间轴移动00:00:10:14，参数设置为"0"。

⑲ 将"食物素材16"持续时间从00:00:09:14延长至00:00:11:15。将时间轴移动到00:00:09:14，在"效果控件"窗口中找到"位置"，参数设置为"-338.5，730.4"；再将时间轴移动到00:00:09:24参数设置为"699.5，730.4"。将时间轴移动00:00:09:14，在"效果控件"窗口中找到"缩放"，参数设置为"0"；再将时间轴移动00:00:09:24，参数设置为"171.0"。将时间轴移动00:00:09:14，在"效果控件"窗口中找到"旋转"，参数设置为"600.0°"；再将时间轴移动00:00:09:24，参数设置为"0.0°"。效果如图4-31所示。

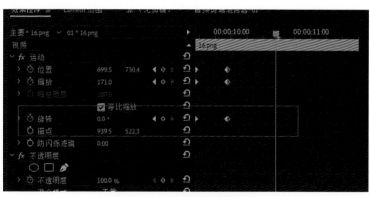

图4-31 "旋转"关键帧效果

⑳ 将"食物素材17"持续时间从00:00:09:24延长至00:00:11:15。将时间轴移动到00:00:09:14，在"效果控件"窗口中找到"位置"，参数设置为"1676.2，-154.8"；再将时间轴移动到00:00:10:09，参数设置为"1341.2，735.2"。

㉑ 将时间轴移动到00:00:09:24，在"效果控件"窗口中找到"旋转"，参数设置为"300"；再将时间轴移动到00:00:10:09，参数设置为"116.0"。

㉒ 将"食物素材18"持续时间从00:00:10:09延长至00:00:11:15。将时间轴移动到00:00:10:09，在"效果控件"窗口中找到"位置"，参数设置为"534.8，1337.4"；再将时间轴移动到00:00:11:03，参数设置为"1308.1　752.0"。

㉓ 将时间轴移动到00:00:10:09处，在"效果控件"窗口中找到"缩放"，参数设置为"0"；再将时间轴移动到00:00:11:03处，参数设置为"100.0"。将时间轴移动到00:00:10:09处，在"效果控件"窗口中找到"旋转"，参数设置为"-360"；再将时间轴移动到00:00:11:03，参数设置为"15.7"。

㉔ 将时间轴移动到00:00:10:09，在"效果控件"窗口中找到"不透明度"，参数设置为"0"；再将时间轴移动到00:00:11:03，参数设置为"100"。

㉕ 按下快捷键"T"，输入文字"食全食美"，将文字"食全食美"持续时间从00:00:11:15延长至00:00:13:01处。将时间轴移动到00:00:11:15，在"效果控件"窗口中找到"缩放"，参数设置为"0.0"；再将时间轴移动到00:00:12:00，参数设置为"266.0"。将时间轴移动到00:00:12:00，在"效果控件"窗口中找到"旋转"，参数设置为"0.0°"；将时间轴移动到00:00:12:03处，参数设置为"8.3°"；将时间轴移动到00:00:12:05，参数设置为"-2.8°"；将时间轴移动到00:00:12:06，参数设置为"-5.2°"；将时间轴移动到00:00:12:09，参数设置为"9.6°"；将时间轴移动到00:00:12:11，参数设置为"-4.1°"；将时间轴移动到00:00:12:14，参数设置为"7.0°"；再将时间轴移动到00:00:12:16，参数设置为"0°"。效果如图4-32所示。

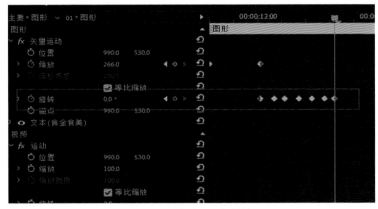

图4-32　"旋转"关键帧效果

㉖ 将时间线拖拽至00:00:11:15处，添加不透明度关键帧为"0"。将时间轴移动到00:00:11:23，在"效果控件"窗口中找到"不透明度"，参数设置为"100"；将时间轴移动到00:00:12:22，参数设置为"100"；将时间轴移动到00:00:12:24，参数设置为"0"。

㉗ 在"效果"面板搜索"指数淡化"，将其拖入音频结尾，效果如图4-33所示。

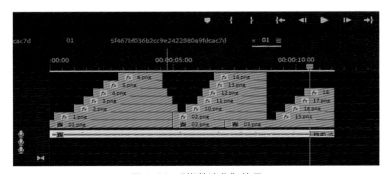

图4-33　"指数淡化"效果

㉘ 单击"文件"菜单中的"导出"→"媒体"命令，弹出"导出设置"对话框，设置格式为"MPEG24"，选择"输出名称"，修改为"美食片头"，保存路径，导出视频。

第 5 章

宣传片片头制作

文化宣传片的普及，对于提高广大人民群众的审美品位、知识内涵起到了重要的推动作用。而宣传片片头在整个文化宣传片中具有画龙点睛的功能，可以提高宣传片格调，突出宣传片特色，让整个宣传片更加完整、美观。

5.1 文化节目宣传片——《文化中国》

5.1.1 效果欣赏

本案例效果如图5-1所示。

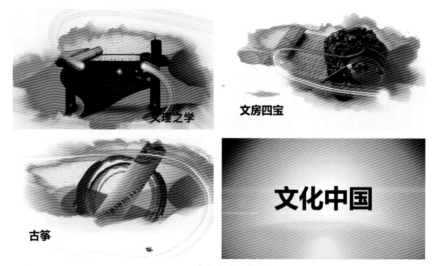

图5-1 《文化中国》片头

5.1.2 知识节点

核心技术点1：通过视频效果中键控下亮度键的使用，对视频进行抠像处理。
核心技术点2：字幕中字体的设置以及字幕动画的更改和调节。

5.1.3 案例素材

本案例所使用的素材如图5-2所示。

5.1.4 案例实战

① 启动Premiere Pro CC 2019，并创建一个新项目，在"新建项目"窗口中将项目名称设置为"文化中国"，并更改存储位置，如图5-3所示。

② 打开"新建序列"对话框，将"设置"页面的编辑模式改为"自定义"，时基改为

图5-2 《文化中国》素材

"25.00帧/秒",帧大小改为"1920×1080",像素长宽比改为"方形像素（1.0）",场改为"无场（逐行扫描）"。然后单击"确定"按钮,完成项目文件初始化设定,并进入Premiere Pro CC 2019的工作界面,如图5-4所示。

③ 双击项目面板或按下组合键"Ctrl+I"打开"导入素材"对话框,在弹出的对话框中选中光盘素材第5章5.1《文化中国》文件夹下的所有素材,然后单击"打开"按钮导入选中的素材,如图5-5所示。

图5-3 "新建项目"对话框　　　　图5-4 "新建序列"对话框　　　　图5-5 导入素材

④ 首先确认当前时间线标记在00:00:00:00帧处位置,从项目窗口中单击鼠标左键将"背景视频和音乐合成.mp4"放入时间线面板第2轨道,如图5-6所示。

⑤ 在特效面板里找到"视频效果"→"键控"→"亮度键",选择"亮度键",单击左键不放拖拽给"背景视频和音乐合成.mp4",如图5-7所示。

打开效果控件窗口,找到背景视频和音乐合成.mp4视频的"亮度键"特效,并将"阈值"属性调为"56.0%",如图5-8所示。

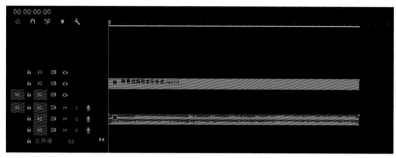

图5-6　拖拽背景视频和音乐合成

图5-7　"亮度键"特效

⑥ 将时间线拖拽到00:00:01:00处,从项目窗口中单击鼠标左键将图片"1.jpg"放入时间线面板第1轨道,如图5-9所示。

选择第1轨道中的图片"1.jpg"素材,在效果控件窗口中将缩放值更改为"150.0",如图5-10所示。

图5-8　更改"亮度键特效"

图5-9　拖入图片"1.jpg"素材

图5-10　"缩放"效果

⑦ 选择工具窗口的"剃刀工具",如图5-11所示。将时间线拖拽到00:00:05:06处,对图片"1.jpg"素材00:00:05:06后面的部分进行裁剪并删除,如图5-12、图5-13所示。

图5-11　剃刀工具

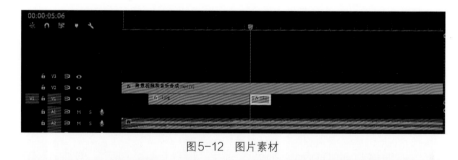

图5-12　图片素材

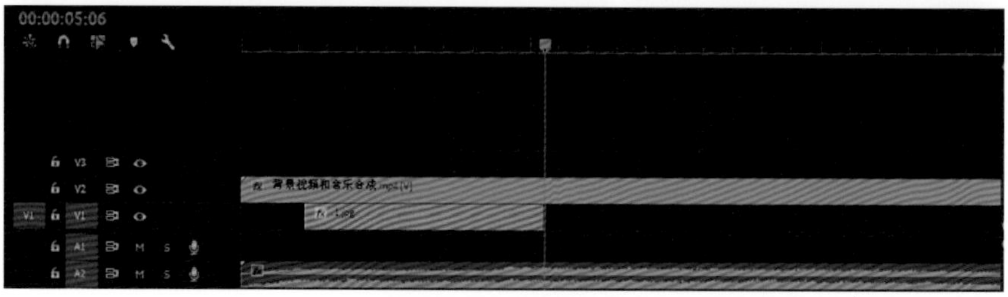

图5-13　裁剪效果

从项目窗口中单击鼠标左键将图片"2.jpg"放入时间线面板第1轨道,与图片"1.jpg"素材对齐,如图5-14所示。

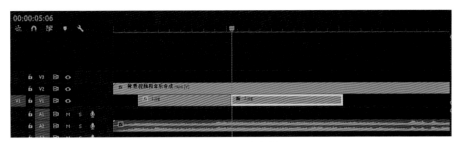

图5-14　图片素材

选择第1轨道中的图片"2.jpg"素材，在"效果控件"窗口中将缩放值更改为"150.0"，如图5-15所示。

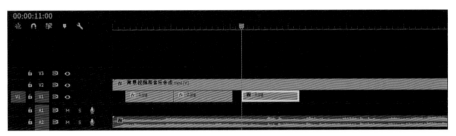

图5-15　"缩放"效果

⑧ 单机鼠标左键将项目窗口中的图片"3.jpg"放入时间线面板第1轨道00:00:11:00处，并在"效果控件"窗口中将缩放值更改为"150.0"，如图5-16、图5-17所示。

图5-16　拖入图片"3.jpg"素材

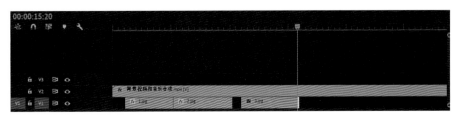

图5-17　"缩放"效果

将时间线移动到00:00:15:20处，选中"剃刀工具"对图片"3.jpg"素材进行裁剪，删除00:00:15:20以后的图片素材，如图5-18所示。

⑨ 单机鼠标左键将项目窗口中的图片"4.jpg"放入时间线面板第1轨道00:00:15:20处，并在"效果控件"窗口中将缩放值更改为"150.0"，如图5-19所示。

图5-18　裁剪多余素材

图5-19 图片 "4.jpg" 素材的位置

⑩ 单机鼠标左键将项目窗口中的图片 "5.jpg" 放入时间线面板第1轨道的00:00:21:20处,并在 "效果控件" 窗口中将缩放值更改为 "150.0"。将时间线移动到00:00:25:10处,选中 "剃刀工具" 对素材进行切割,删除00:00:25:10以后的图片 "5.jpg" 素材,如图5-20、图5-21所示。

图5-20 图片素材

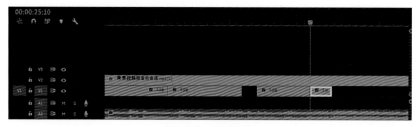

图5-21 剃刀效果

⑪ 单机鼠标左键将图片 "6.jpg" 放入时间线面板第1轨道的00:00:25:10处,并在 "效果控件" 窗口中将缩放值更改为 "150.0"。将鼠标移到图片 "6.jpg" 素材最后1帧处,并延长素材至00:00:31:23帧,如图5-22、图5-23所示。

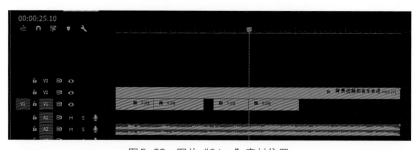

图5-22 图片 "6.jpg" 素材位置

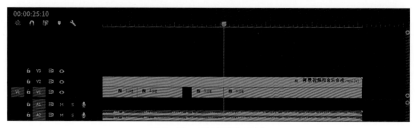

图5-23 延长图片素材

⑫ 找到工具面板中的文字工具"T",如图5-24所示。将时间线移动到00:00:01:06处,单击监视器窗口,输入文字"义理之学",如图5-25所示。

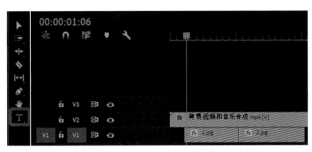 

图5-24 文字工具 图5-25 输入文字

⑬ 找到"效果控件"面板,更改文字属性。字体改为"Microsoft JhengHei UI",字体大小改为"100",填充颜色改为纯黑色,"位置"改为"1344.0 1000.0",如图5-26所示。

⑭ 将时间线移动到00:00:01:06处,找到"效果控件"窗口,在00:00:01:06处添加"不透明度",关键帧数值改为"0.0%","位置"数值改为"960.0 540.0";将时间线移动到00:00:01:21处,"不透明度"数值改为"100.0%";将时间线移动到00:00:04:10处,继续添加"不透明度",关键帧数值改为"100.0%";将时间线移动到00:00:04:16处,"不透明度"数值改为"0.0%","位置"数值改为"900.0 540.0,如图5-27所示。

 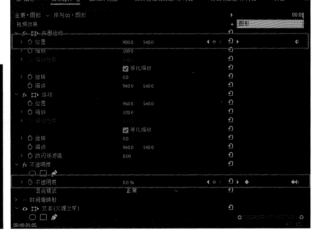

图5-26 字体属性的更改 图5-27 "不透明度"与"位置"效果

⑮ 再次使用工具面板中的文字工具"T",并将时间线移动到00:00:06:00处,单击监视器窗口右下方,输入文字"文房四宝",如图5-28、图5-29所示。

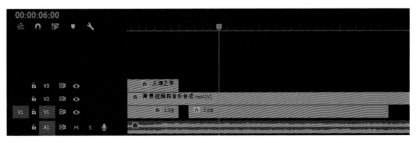

图5-28 时间线面板

⑯ 找到"效果控件"面板，更改文字属性。字体改为"Microsoft JhengHei UI"，字体大小改为"100"，字体加粗，填充颜色改为纯黑色，"位置"改为"172.0 940.0"，如图5-30所示。

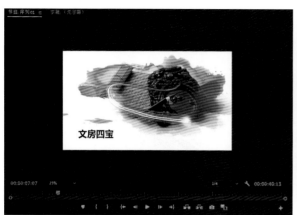

图5-29 文字效果

图5-30 字体属性的更改

⑰ 找到"效果控件"窗口，在00:00:06:00处添加"不透明度"，关键帧数值改为"0.0%"，"位置"数值改为"960.0 540.0"；将时间线移动到00:00:06:15处，"不透明度"数值改为"100.0%"；将时间线移动到00:00:09:03处，继续添加"不透明度"，关键帧数值改为"100.0%"；将时间线移动到00:00:09:08处，"不透明度"数值改为"0.0%"，"位置"数值改为"1020.0 540.0"，如图5-31所示。

图5-31 "不透明度"与"位置"效果

⑱ 再次使用工具面板中的文字工具"T"，并将时间线移动到00:00:11:21处，单击监视器窗口右下方，输入文字"古筝"，如图5-32所示。

⑲ 找到"效果控件"面板，更改文字属性。字体改为"Microsoft JhengHei UI"，字体大小改为"100"，字体加粗，填充颜色改为纯黑色，"位置"改为"156.0 908.0"，如图5-33所示。

⑳ 找到"效果控件"窗口，在00:00:11:21处添加"不透明度"，关键帧数值改为"0.0%"，"位置"数值改为"960.0 540.0"；将时间线移动到00:00:12:11处，"不透明度"数值改为"100.0%"；将时间线移动到00:00:15:16处，继续添加"不透明度"，关键帧数值改为"100.0%"；将时间线移动到00:00:15:21处，"不透明度"数值改为"0.0%"，"位置"数值改为"1020.0 540.0"，如图5-34所示。

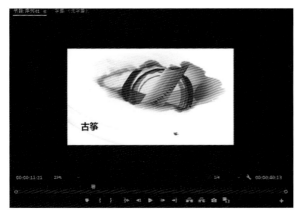

图5-32 文字效果

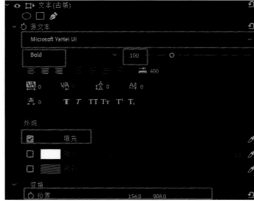

图5-33 字体属性的更改

图5-34 "不透明度"与"位置"效果

㉑ 将时间线移动到00:00:15:21处，选中"剃刀工具"，对第3轨道中的文字"古筝"字幕进行切割，删除00:00:15:21以后的文字"古筝"字幕，如图5-35所示。

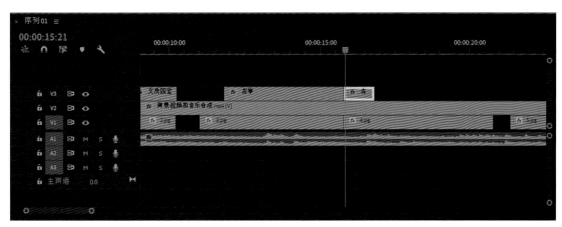

图5-35 裁剪多余字幕素材

㉒ 再次使用工具面板中的文字工具"T"，并将时间线移动到00:00:16:17处，单击监视器窗口右下方，输入文字"书画"，如图5-36所示。

㉓ 找到"效果控件"面板，更改文字属性。字体改为"Microsoft JhengHei UI"，字体大小改为"100"，字体加粗，填充颜色改为"纯黑色"，"位置"改为"216.0　944.0"，如图5-37所示。

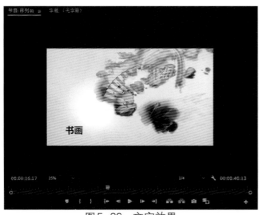
图5-36　文字效果

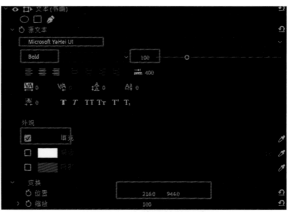
图5-37　字体属性的更改

㉔ 找到"效果控件"窗口，在00:00:16:17处添加"不透明度"，关键帧数值改为"0.0%"，"位置"数值改为"960.0　540.0"，将时间线移动到00:00:17:07处，"不透明度"数值改为"100.0%"；将时间线移动到00:00:20:17处，继续添加"不透明度"，关键帧数值改为"100.0"；将时间线移动到00:00:20:22处，"不透明度"数值改为"0.0%"，"位置"数值改为"1020.0　540.0"，如图5-38所示。

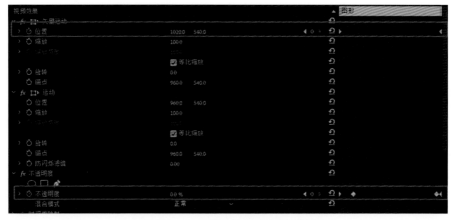
图5-38　"不透明度"与"位置"效果

㉕ 将时间线移动到00:00:20:22处，选中"剃刀工具"，对第3轨道中的文字"书画"字幕进行切割，删除00:00:20:22以后的文字"书画"字幕，如图5-39所示。

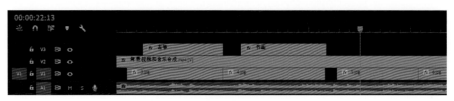
图5-39　删除多余字幕素材

㉖ 再次使用工具面板中的文字工具"T"，并将时间线移动到00:00:22:13处，单击监视器窗口左下方，输入文字"茶道"，如图5-40所示。

㉗ 找到"效果控件"面板，更改文字属性。字体改为"Microsoft JhengHei UI"，字体大小改为"100"，字体加粗，填充颜色改为"纯黑色"，"位置"改为"1507.0　994.0"，如图5-41所示。

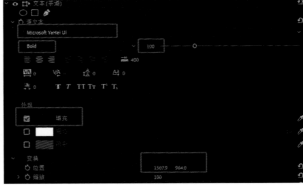

图5-40 文字效果　　　　　　　　　　　图5-41 字体属性的更改

㉘ 找到"效果控件"窗口，在00:00:22:13添加"不透明度"，关键帧数值改为"0.0%"，"位置"数值改为"960.0　540.0"，将时间线移动到00:00:23:03处，"不透明度"数值改为"100.0%"；将时间线移动到00:00:25:05处，继续添加"不透明度"，关键帧数值改为"100.0%"；将时间线移动到00:00:25:10处，"不透明度"数值改为"0.0%"，"位置"数值改为"900.0　540.0"，如图5-42所示。

图5-42 "不透明度"与"位置"效果

㉙ 将时间线移动到00:00:25:10处，选中剃刀工具，对第3轨道中的文字"茶道"字幕进行切割，删除00:00:25:10以后的文字"茶道"字幕，如图5-43所示。

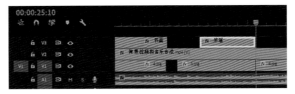

图5-43 删除多余字幕素材

㉚ 再次使用工具面板中的文字工具"T"，并将时间线移动到00:00:27:03处，单击监视器窗口右下方，输入文字"古文物"，如图5-44所示。

㉛ 找到"效果控件"面板，更改文字属性。字体改为"Microsoft JhengHei UI"，字体大小改为"100"，字体加粗，填充颜色改为"纯黑色"，"位置"改为"1507.0　994.0"。

㉜ 找到"效果控件"窗口，在00:00:27:03处添加"不透明度"，关键帧数值改为"0.0%"，"位置"数值改为"960.0　540.0"；将时间线移动到00:00:27:18处，"不透明度"数值改

为"100.0%";将时间线移动到00:00:31:05处，继续添加"不透明度"，关键帧数值改为"100.0%";将时间线移动到00:00:31:10处，"不透明度"数值改为"0.0%"，"位置"数值改为"900.0　540.0"，如图5-45所示。

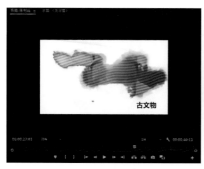

图5-44　文字效果　　　　　　　　　　图5-45　"不透明度"与"位置"效果

㉝ 将时间线移动到00:00:31:10处，选中"剃刀工具"，对第3轨道中的文字"古文物"字幕进行切割，删除00:00:31:10以后的文字"古文物"字幕。

㉞ 再次使用工具面板中的文字工具"T"，并将时间线移动到00:00:32:05处，单击监视器窗口中心，输入文字"文化中国"，如图5-46所示。

㉟ 找到"效果控件"面板，更改文字属性。字体改为"Microsoft JhengHei UI"，字体大小改为"200"，字体加粗，填充颜色改为"纯黑色"，"位置"改为"956.0　608.0"，如图5-47所示。

图5-46　输入文字效果　　　　　　　　　图5-47　文字属性的更改

㊱ 将鼠标移到文字"文化中国"字幕最后1帧处，并延长字幕至00:00:40:13处，与第2轨道中的"背景视频和音乐合成.mp4"视频素材对齐，如图5-48所示。

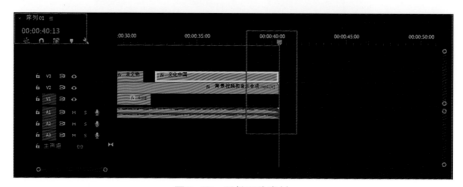

图5-48　延长图片素材

㊲ 找到"效果控件"窗口，在00:00:32:05处添加"不透明度"，关键帧数值改为"0.0%"，"缩放"数值改为"0.0"；将时间线移动到00:00:32:13处，"不透明度"数值改为"100.0%"，"缩放"数值改为"100.0%"；将时间线移动到00:00:38:22处，继续添加"不透明度"，关键帧数值改为"100.0%"；将时间线移动到00:00:39:18处，不透明度"数值改为"0.0%"，"缩放"数值改为"115.0%"，如图5-49所示。

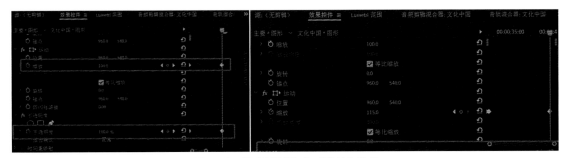

图5-49 "不透明度"与"缩放"效果

㊳ 确认"时间线"面板为激活状态，然后选择"文件"→"导出"→"媒体"菜单，在打开的"导出设置"对话框中将"格式"改为"H.264"，在"输出名称"选项处设置输出路径和输出文件的名称，单击"导出"按钮，如图5-50所示。

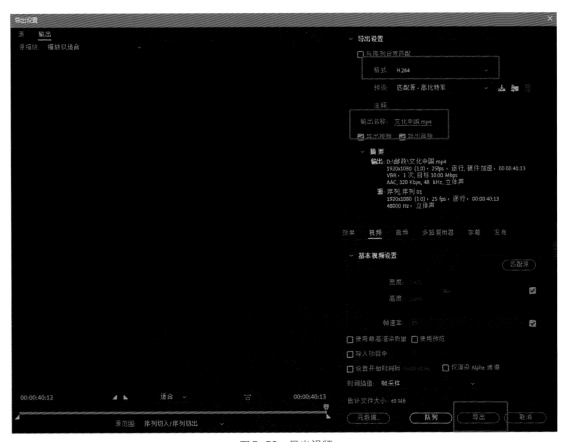

图5-50 导出视频

5.2   旅游节目宣传片——《大美四川》

5.2.1   效果欣赏

本案例效果如图5-51所示。

图5-51 《大美四川》片头

5.2.2   知识节点

核心知识点1：通过使用"设置遮罩"特效来对图片进行遮罩动画的制作。

核心知识点2：通过使用"色调"特效来对图片实现黑白色调的调节。

核心知识点3：通过设置"调整图层"实现图像与字幕的运动效果。

5.2.3   案例素材

本案例所使用的素材如图5-52所示。

图5-52 《大美四川》素材

5.2.4 案例实战

① 启动Premiere Pro CC 2019，并创建一个新项目，在"新建项目"窗口中设置项目名称为"大美四川"并更改存储位置，如图5-53所示。

② 打开"新建序列"对话框，将"设置"页面的编辑模式改为"自定义"，时基改为"25.00帧/秒"，帧大小改为"1920×1080"，像素长宽比改为"方形像素（1.0）"，场改为"无场（逐行扫描）"。然后单击"确定"按钮，完成项目文件初始化设定，并进入Premiere Pro CC 2019的工作界面，如图5-54所示。

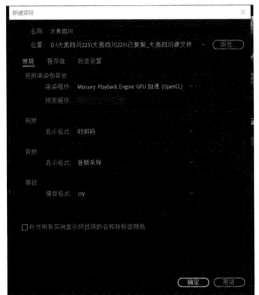

图5-53 "新建项目"对话框　　　图5-54 "新建序列"对话框

③ 双击项目面板或按下组合键"Ctrl+I"打开"导入素材"对话框，在弹出的对话框中选中光盘素材第5章5.2《大美四川》文件夹下的所有素材，然后单击"打开"按钮导入选中的素材，如图5-55所示。

④ 将"问道青城山.jpg"拖拽至视频1轨道，"MASK_01.mov"素材拖拽至视频2轨道上，如图5-56所示。在特效窗口中搜索"轨道遮罩键"，单击"轨道遮罩键"并按住鼠标左键不放，将其拖拽到"问道青城山.jpg"素材上。选中"问道青城山.jgp"素材，在效果控件

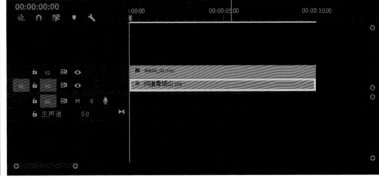

图5-55 导入素材　　　图5-56 拖拽素材合成

中找到"轨道遮罩键",将遮罩改为"视频2",如图5-57所示。单击视频2轨道前面的"显示"开关图标,不让视频2轨道在窗口中显示,如图5-58、图5-59所示。

⑤ 单击选中"问道青城山.jpg"和"MASK_01.mov"两个素材,单击鼠标右键选择"嵌套",命名为"问道青城山嵌套1",如图5-60所示。

图5-57 "轨道遮罩键"设置

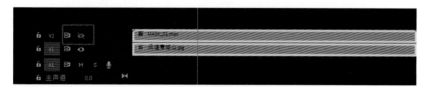

图5-58 关闭视频2轨道的"显示"开关

图5-59 "轨道遮罩键"效果

图5-60 设置嵌套

回到时间线面板,将"问道青城山嵌套1"移动到视频2轨道,在项目窗口中,继续选中"问道青城山.jpg"并按住鼠标左键不放,将其拖拽到视频1轨道,并把素材延长至00:00:10:00帧处,如图5-61所示。

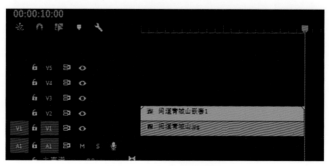

图5-61 延长素材时间

⑥ 在特效窗口中找到"视频效果"→"扭曲"→"变换",按住鼠标左键不放,将其拖拽给"问道青城山嵌套1",如图5-62所示。

⑦ 单击鼠标左键选中"问道青城山嵌套1",将时间线移动至00:00:00:00帧处,在效果控件中将"变换"中"位置"的数值改为"644.0 540.0";时间线移动至00:00:01:00帧处,"变换"中"位置"的数值改为"960.0 540.0",如图5-63所示。

图5-62 "变换"特效

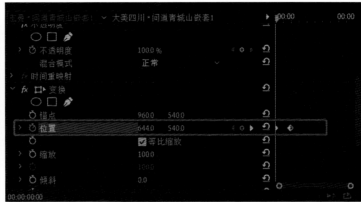

图5-63 增加"位置"关键帧

⑧ 在特效窗口中找到"视频效果"→"颜色校正"→"色调",将"色调"拖拽给"问道青城山嵌套1",如图5-64所示。

在效果控件中找到"色调"特效,时间线放到00:00:00:00帧处,将"着色量"数值改为"100.0%";时间线移动至00:00:01:00帧处,将"着色量"数值改为"0.0%",如图5-65所示。

图5-64 "色调"特效

图5-65 "着色量"数值

图5-66 输入字幕

⑨ 找到工具面板中的文字工具"T",在视频监视器窗口右上方写出文字"问道青城山",视频3轨道会显示出该字幕,如图5-66、图5-67所示。将字体改为"Microsoft JhengHei UI",字体大小改为"100",颜色改为白色,如图5-68所示。将时间线移动至00:00:00:00帧处,在效果控件中将文字"问道青城山""位置"的数值改为"1580.0 540.0";将时间线移动至00:00:01:00帧处,将"位置"数值改为"960.0 540.0",如图5-69所示。

图5-67 视频轨道会显示该字幕

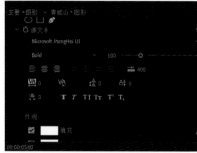
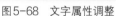

图5-68 文字属性调整

图5-69 "位置"关键帧

⑩ 找到工具面板中的文字工具"T"，在视频监视器窗口右上方写出文字"wendaoqingchengsahn"，视频4轨道会显示出该字幕，字体为"KaiTi"，字体大小为"60"，填充白色，如图5-70、图5-71所示。

图5-70 输入字幕

图5-71 文字属性

⑪ 在效果控件中找到文字的"不透明度"属性，将时间线移动至00:00:00:00帧处，将"不透明度"的数值改为"0.0%"；时间线移动至00:00:01：00帧处，将"不透明度"的数值改为"100.0%"，如图5-72所示。

⑫ 检查"问道青城山"和"wendaoqingchengsahn"两个字幕是否在视频3和视频4轨道，如图5-73所示。

图5-72 "不透明度"关键帧

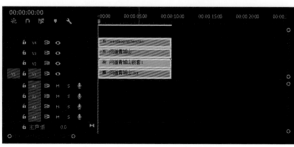

图5-73 视频轨道上的素材位置

⑬ 在项目面板中，单击右下角的"新建项"按钮，新建一个"调整图层"，并在项目窗口中找到"调整图层"，按住鼠标左键拖住不放，将其拖拽到视频5轨道上，如图5-74、图5-75所示。

图5-74　"新建项"按钮与新建"调整图层"　　　　　图5-75　拖拽"调整图层"到视频5轨道

⑭ 在特效窗口中找到"扭曲"→"变换"，选中"变换"特效，单击鼠标左键将其拖拽给视频5轨道的调整图层。单击选中视频5轨道的"调整图层"，在效果控件中找到"变换"特效下的"缩放"属性，将时间线移动至00:00:00:00帧处，将"缩放"数值改为"100.0"；将时间线移动至00:00:05:00帧处，将"缩放"数值改为"105.0"，如图5-76～图5-78所示。

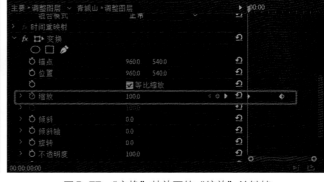

图5-76　"变换"特效　　　　　　　　　　图5-77　"变换"特效下的"缩放"关键帧

图5-78　文字效果

⑮ 选中视频轨道1～5上的所有内容，单击鼠标右键选择"嵌套"，嵌套命名为"青城山"，如图5-79所示。

⑯ 将"都江堰.jpg"和"MASK_02.mov"素材分别拖拽至时间线00:00:03:00帧处的视频2轨道和视频3轨道上，并延长素材到00:00:13:00帧处，如图5-80所示。

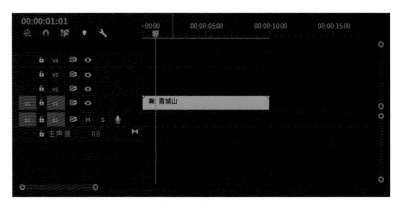

图5-79 "青城山"嵌套

图5-80 拖拽素材到时间线并延长素材

在特效窗口中搜索"轨道遮罩键"，单击"轨道遮罩键"按住鼠标左键不放，将其拖拽到"都江堰.jpg"素材上。选中"都江堰.jpg"素材，在效果控件中找到"轨道遮罩键"，将遮罩改为"视频3"，如图5-81所示。单击视频3轨道前面的"显示"开关图标，不让视频3轨道在窗口中显示，如图5-82、图5-83所示。

图5-81 轨道遮罩设置

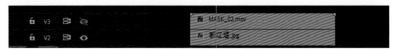

图5-82 并闭视频3轨道的"显示"开关

⑰ 单击选中"都江堰.jpg"和"MASK_02.mov"两个素材，单击鼠标右键选择"嵌套"，命名为"都江堰嵌套1"，如图5-84、图5-85所示。

图5-83　"轨道遮罩键"效果

图5-84　嵌套设置

图5-85　"都江堰"嵌套

⑱ 回到时间线面板将"都江堰嵌套1"移动到视频3轨道，在项目窗口中，继续选中"都江堰.jpg"并按住鼠标左键不放，将其拖拽到视频2轨道，并把素材延长至00:00:13:00帧处，如图5-86所示。

⑲ 在特效窗口中找到"视频效果"→"扭曲"→"变换"，将其拖拽给"都江堰嵌套1"，如图5-87所示。

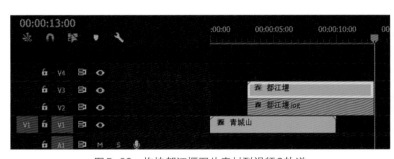

图5-86　拖拽都江堰图片素材到视频2轨道

图5-87　"变换"效果

⑳ 单击鼠标左键选中"都江堰嵌套1"，将时间线移动至00:00:03:00帧处，在效果控件中将"变换"中"位置"的数值改为960.0　125.0；时间线移动至00:00:06：00帧处，"变换"中"位置"的数值改为"960.0　530.0"，如图5-88所示。

㉑ 在特效窗口中找到"视频效果"→"颜色校正"→"色调"，将"色调"拖拽给"都江堰嵌套1"，如图5-89所示。

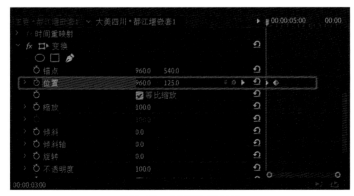

图5-88　"位置"关键帧

图5-89　"色调"特效

在效果控件中找到"色调"特效,时间线放到00:00:03:00帧处,将"着色量"数值改为"100.0%";时间线移动至00:00:04:00帧处,将"着色量"数值改为"0.0%",如图5-90所示。

㉒ 找到工具面板中的文字工具"T",在视频监视器窗口右上方写出文字"拜水都江堰",视频4轨道会显示出该字幕,如图5-91、图5-92所示。将字体改为"Microsoft JhengHei UI",字体大小改为"100",颜色改为白色,如图5-93所示。将时间线移动至00:00:03:00帧处,在效果控件中将文字"拜水都江堰""位置"的数值改为"341.0 540.0";将时间线移动至00:00:04:00帧处,将"位置"数值改为"960.0 540.0",如图5-94所示。文字效果见图5-95。

图5-90 "着色量"效果   图5-91 输入字幕

图5-92 视频轨道会显示该字幕

图5-93 文字属性调整   图5-94 "位置"关键帧

㉓ 找到工具面板中的文字工具"T",在视频监视器窗口右上方写出文字"baishuidujiangyan",视频5轨道会显示出该字幕,如图5-96所示。

图5-95 文字效果   图5-96 输入字幕

将字体改为"kaiti"，大小为"60"，颜色改为"白色"，如图5-97所示。

在效果控件中找到文字的"不透明度"属性，将时间线移动至00:00:03:00帧处，将"不透明度"的数值改为"0.0%"；时间线移动至00:00:04:00帧处，将"不透明度"的数值改为"100.0%"，如图5-98所示。

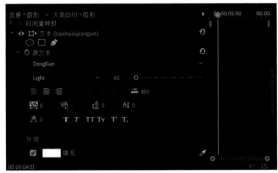

图5-97　文字属性　　　　　　　　　　图5-98　"不透明度"关键帧设置

㉔ 检查"拜水都江堰"和"baishuidujiangyan"两个字幕是否在视频4和视频5轨道，如图5-99所示。

㉕ 在项目面板中，新建"调整图层"，并在项目窗口中找到"调整图层"，按住鼠标左键拖住不放，将其拖拽到视频6轨道上，如图5-100、图5-101所示。

图5-99　时间线面板中的素材位置　　　　　图5-100　新建"调整图层"

㉖ 在特效窗口中找到"扭曲"→"变换"，选中"变换"特效，单击鼠标左键将其拖拽给视频6轨道的"调整图层"。单击选中视频6轨道的"调整图层"，在效果控件中找到"变换"特效下的"缩放"属性，将时间线移动至00:00:03:00帧处，将"缩放"数值改为"100.0"；将时间线移动至00:00:08:00帧处，将"缩放"数值改为"110.0"，如图5-102、图5-103所示。

㉗ 选中视频轨道2～6上的所有内容，单击鼠标右键选择"嵌套"，嵌套命名为"都江堰"，如图5-104所示。

图5-101　拖拽"调整图层"到视频6轨道　　　　图5-102　"缩放"关键帧动画

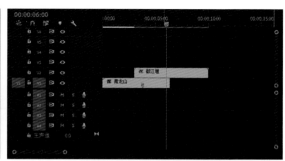

图5-103 文字效果 图5-104 "都江堰"嵌套

㉘ 在特效窗口中找到"视频效果"→"过渡"→"线性擦除",单击鼠标左键不放,将"线性擦除"拖拽给"都江堰"嵌套,如图5-105所示。

将时间线移动至00:00:03:00帧处,在效果面板中找到"线性擦除",将"过渡完成"数值改为"100%","擦除角度"改为"5.0°",并打上关键帧;再将时间线移动至00:00:04:00帧处,将"过渡完成"数值改为"0%",如图5-106所示。

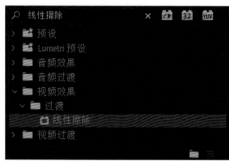

图5-105 "线性擦除"效果 图5-106 "线性擦除"关键帧设置

㉙ 将时间线移动至00:00:06:00帧,将"九寨沟.jpg"图片素材和"MSAK_03.mov"素材拖拽至视频3和视频4轨道中,并延长至00:00:16:00帧处,用同样的方法做出"九寨沟"嵌套,如图5-107～图5-109所示。

㉚ 在特效窗口中找到"视频效果"→"过渡"→"线性擦除",单击鼠标左键不放,将"线性擦除"拖拽给"九寨沟"嵌套。

将时间线移动至00:00:06:00帧处,在效果面板中找到"线性擦除",将"过渡完成"数值改为"100%","擦除角度"改为"70°",并打上关键帧;再将时间线移动至00:00:07:00帧处,将"过渡完成"数值改为"0%",如图5-110所示。

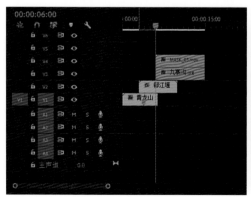

图5-107 拖拽素材 图5-108 文字效果

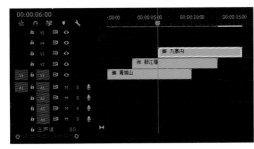

图5-109　时间线面板中的嵌套　　　　　　　　　　图5-110　"线性擦除"关键帧设置

㉛ 按照上述方式，将时间线移动到00:00:09:00帧处，做出最后一个嵌套序列"卧龙西"，并依次排列，如图5-111、图5-112所示。

㉜ 选中视频1～视频4轨道的四个嵌套序列，单击鼠标右键进行"嵌套"，嵌套名称改为"大美四川"，如图5-113所示。

图5-111　文字效果

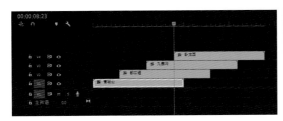

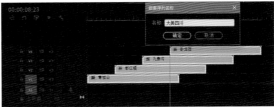

图5-112　嵌套图层排列　　　　　　　　　　　　图5-113　嵌套设置

㉝ 在项目素材窗口中找到"背景音乐.mp3"，单击鼠标左键拖拽到音频1轨道，并与"大美四川"嵌套对齐。在特效窗口中找到"视频过渡"→"溶解"→"黑场过渡"，将"黑场过渡"拖拽到"大美四川"嵌套的结尾处，做一个淡出动画，如图5-114所示。

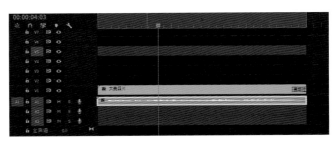

图5-114　音频淡出动画

㉞ 确认"时间线"面板为激活状态，然后选择"文件"→"导出"→"媒体"菜单，在打开的"导出设置"对话框中将"格式"改为"H.264"，在"输出名称"选项处设置输出路径和输出文件的名称，单击"导出"按钮，如图5-115所示。

图5-115　导出视频

第 6 章

影视片头制作

影视片头效果一般具有片头内容概括、节奏感和情绪符合整个影片情节、艺术效果感染力较强的特点，能够使观众对影片产生一个最初的整体印象，可以通过片头来决定是否有兴趣对影片进行观看与欣赏，因此具有十分重要的引导作用。

6.1 电影宣传片头——《红海行动》

6.1.1 效果赏析

本案例效果如图6-1所示。

图6-1 《红海行动》片头

6.1.2 知识节点

核心技术1：通过调整"颜色遮罩"中的"颜色混合模式"，对图片进行色调的更改。
核心技术2：图片与图片之间的嵌套使用，方便合成素材。
核心技术3：通过调整"不透明度"中的"混合模式"实现图片与图片的叠加效果。

6.1.3 案例素材

本案例所使用的素材如图6-2所示。

图6-2 《红海行动》素材

6.1.4　案例实战

①　启动 Premiere Pro CC 2019，并创建一个新项目，在"新建项目"窗口中将项目名称设置为"红海行动"并更改存储位置，如图6-3所示。

②　打开"新建序列"对话框，将"设置"页面的编辑模式改为"自定义"，时基改为"25.00帧/秒"，帧大小改为"1920×1080"，像素长宽比页面的为"方形像素（1.0）"，场改为"无场（逐行扫描）"。然后单击"确定"按钮，完成项目文件初始化设定，并进入 Premiere Pro CC 2019的工作界面，如图6-4所示。

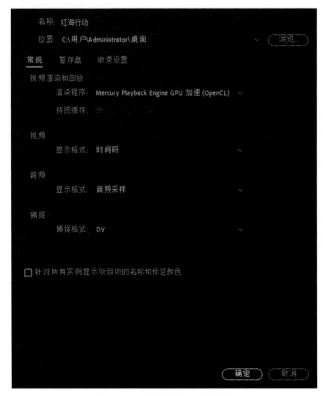

图6-3 "新建项目"对话框

③ 双击项目面板或按下组合键"Ctrl+I"打开"导入素材"对话框，在弹出的对话框中选中光盘素材第6章6.1《红海行动》文件夹下的8个图片素材与"背景音乐.mp3"音频文件，然后导入选中的素材，如图6-5所示。

图6-4 "新建序列"对话框

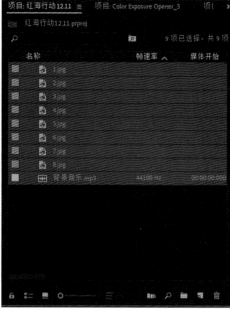

图6-5 导入素材

④ 首先确认当前时间线标记在00:00:00:00帧处，从项目窗口中将图片"1.jpg"素材拖拽至视频1轨道中，并使其入点对齐至时间标记线，如图6-6所示。

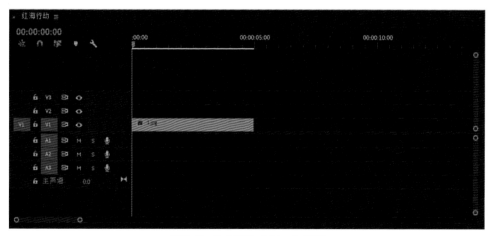

图6-6 拖入图片"1.jpg"素材

⑤ 在项目窗口中新建一个"颜色遮罩"，在弹出的"拾色器"对话框中将"RGB"的参数分别设置为"255、162、0"，并命名为"黄色遮罩"，如图6-7～图6-9所示。

⑥ 单击鼠标左键将项目面板中的"黄色遮罩"拖拽至红海行动序列中的"视频2轨道"，如图6-10所示。

⑦ 选中视频2轨道中的"黄色遮罩"，在效果控件窗口中找到"不透明度"属性，将其改为"85.0%"，"混合模式"改为"颜色"，如图6-11、图6-12所示。

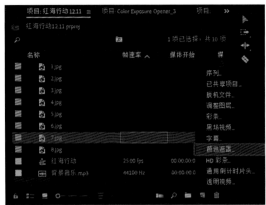

图6-7　新建"颜色遮罩"

图6-8　设置颜色

图6-9　命名为"黄色遮罩"

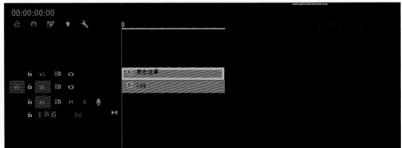

图6-10　拖入"黄色遮罩"

图6-11　更改"混合模式"和"不透明度"属性

图6-12　颜色叠加后的效果

⑧ 选中视频1轨道中的图片"1.jpg"素材，找到效果控件窗口中的"位置"和"缩放"属性，为"缩放"和"位置"添加两个关键帧，设置"位置"值为"960.0　540.0"，"缩放"值为"100.0"。将时间线拖拽到00:00:05:00帧处，为其"缩放"和"位置"添加两个关键帧，设置"位置"值为"835.0　540.0"，"缩放"值为"115.0"，如图6-13所示。

⑨ 在时间线面板中全选视频1和视频2轨道中的图片"1.jpg"素材与"黄色遮罩"，单击鼠标右键设置"嵌套"，在弹出的"嵌套序列名称"中将名称改为"图片1"嵌套，如图6-14、图6-15所示。

图6-13　设置关键帧　　　　　　　　　　　图6-14　为素材设置嵌套

⑩ 选中"图片1"嵌套，将其由视频1轨道拖拽至视频2轨道，如图6-16所示。

图6-15　更改嵌套名称　　　　　　　　图6-16　移动嵌套位置

⑪ 首先确认当前时间线标记在00:00:00:00帧处位置，从项目窗口中拖拽图片"2.jpg"素材至视频1轨道中，并使其入点对齐至时间标记线，如图6-17所示。

⑫ 选中视频1轨道中的图片"2.jpg"素材，单击鼠标右键选择"嵌套"，在弹出的"嵌套序列名称"中将名称改为"图片2"嵌套，如图6-18、图6-19所示。

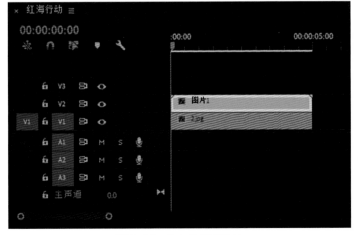

图6-17　拖入并对齐素材　　　　　　　　图6-18　为素材设置嵌套

⑬ 双击视频1轨道中的"图片2"嵌套，进入"图片2"嵌套，在项目面板中创建"颜色遮罩"，在弹出的"拾色器"对话框中将"RGB"的参数值分别设置为"0、126、255"，在弹出的遮罩"选择名称"对话框中将名称改为"蓝色遮罩"，如图6-20、图6-21所示。

⑭ 在项目面板中选中新建的"颜色遮罩"，单击鼠标左键将其拖拽至"图片2"嵌套的视频1轨道上方，序列会自动在视频1轨道上方新建一个视频2轨道，如图6-22所示。

图6-19　嵌套后的时间线面板　　　　图6-20　设置"颜色遮罩"数值

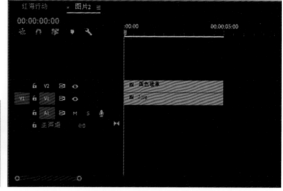

图6-21　更改遮罩名称　　　　图6-22　拖拽"蓝色遮罩"到视频2轨道

⑮ 选中视频2轨道中的"蓝色遮罩"，找到效果控件窗口的"不透明度"，将其属性改为"85.0%"，"混合模式"改为"颜色"，如图6-23、图6-24所示。

图6-23　更改"混合模式"和"不透明度"属性　　　　图6-24　颜色叠加后的效果

⑯ 选中视频1轨道中的图片"2.jpg"素材，找到效果控件窗口中的"位置"和"缩放"属性，在00:00:00:00帧处，为"缩放"和"位置"添加两个关键帧，设置"位置"值为"960.0 540.0"，"缩放"值为"115.0"；将时间线拖拽到00:00:05:00帧处，为"位置"添加一个关键帧，设置"位置"值为"835.0 540.0"，如图6-25所示。

图6-25　为"位置"和"缩放"添加关键帧

⑰ 时间线面板切换到"红海行动"序列，选中"图片1"嵌套，找到效果控件窗口，将"不透明度"属性改为"85.0%"，"混合模式"改为"变亮"，如图6-26～图6-28所示。

图6-26　"红海行动"序列

图6-27　更改"混合模式"和"不透明度"属性　　　图6-28　效果展示

⑱ 找到工具面板下的文字工具"T"，使用文字工具在监视器画面的中间偏左部分输入英文单词"Love and peace"，字体改为"宋体"，字体大小改为"100"，颜色改为"白色"，如图6-29～图6-31所示。

⑲ 找到效果面板中的"视频效果"→"扭曲"→"变换"特效，单击鼠标左键不放，拖拽给"Love and peace"文字图层。

⑳ 选中"Love and peace"文字图层，找到效果控件窗口中的"不透明度"属性，在00:00:00:00帧处，为"不透明度"添加关键帧，"不透明度"数值改为"0.0%"；将时间线移动

图6-29　文字工具

图6-30　字体位置

到00:00:00:20帧处，将"不透明度"数值改为"100.0%"，软件自动生成一个不透明度关键帧；将时间线移动到00:00:03:20帧处，继续为不透明度创建一个关键帧，"不透明度"数值保持为"100.0%"；将时间线移动到00:00:04:15帧处，将"不透明度"数值改为"0.0%"，让文字消失，如图6-32所示。

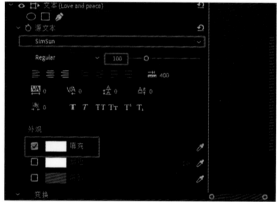

图6-31　字体属性

图6-32　"不透明度"关键帧设置

图6-33　"缩放"关键帧设置

㉑ 选中"Love and peace"文字图层，找到效果控件窗口中的文本"变换"特效的"缩放"属性，在00:00:00:00帧处，为"缩放"添加关键帧，"缩放"数值改为"100.0"；将时间线移动到00:00:04:15帧处，为"缩放"添加关键帧，"缩放"数值改为"90.0"，软件自动创建一个关键帧，如图6-33所示。

㉒ 选中时间线轨道中的三个素材，单击鼠标右键选择"嵌套"，命名为"图像1"，如图6-34、图6-35所示。

㉓ 首先确认当前时间线标记在00:00:04:00帧位置，从项目窗口中拖拽图片"3.jpg"，将其放入视频2轨道中，并使其入点对齐至时间标记线，如图6-36所示。

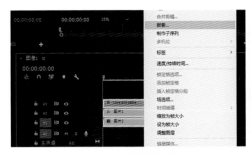

图6-34　设置嵌套

图6-35　完成嵌套设置

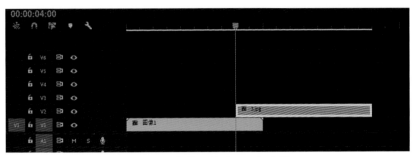

图6-36　拖拽图片"3.jpg"素材

㉔ 从项目窗口中托拽"黄色遮罩"到视频3轨道，入点与图片"3.jpg"对齐，如图6-37所示。

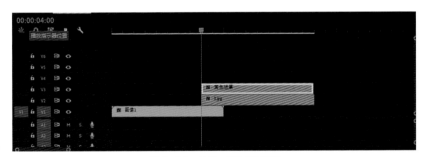

图6-37　拖拽"黄色遮罩"

图6-38　"不透明度"和"混合模式"设置

㉕ 选中视频3轨道中的"黄色遮罩"，在效果控件窗口中找到"不透明度"，将其属性改为"85.0%"，"混合模式"改为"颜色"，如图6-38、图6-39所示。

㉖ 选中视频2轨道中的图片"3.jpg"素材，找到效果控件窗口中的"位置"和"缩放"属性，将时间线拖拽到00:00:04:00帧处，为"位置"和"缩放"添加两个关键帧，设置"位置"值为"960.0　540.0"，"缩放"值为"100.0"；将时间线拖拽到00:00:09:00帧处，为其"位置"和"缩放"添加两个关键帧，设置"位置"值为"835.0　540.0"，"缩放"值为"115.0"，如图6-40所示。

图6-39　设置后的效果

图6-40　添加关键帧动画

㉗ 在时间线面板中全选视频2和视频3轨道中的"黄色遮罩"与图片"3.jpg"素材，单击鼠标右键设置"嵌套"，在弹出的"嵌套序列名称"中将名称改为"图片3"，如图6-41、图6-42所示。

图6-41　设置嵌套

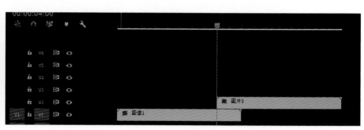

图6-42　设置嵌套完成

㉘ 首先确认当前时间线标记在00:00:04:00帧位置，从项目窗口中将图片"4.jpg"拖拽至视频3轨道中，并使其入点对齐至时间标记线，如图6-43所示。

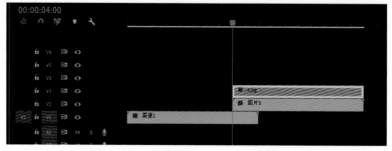

图6-43　拖拽图片"4.jpg"素材

㉙ 从项目窗口中将"蓝色遮罩"拖拽到视频4轨道，入点与"图像3"对齐，如图6-44所示。

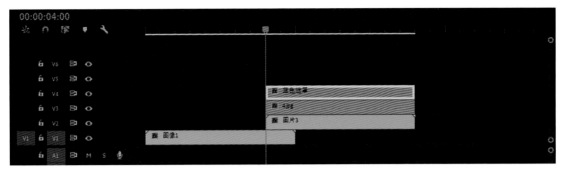

图6-44　拖拽"蓝色遮罩"

㉚ 选中视频4轨道中的"蓝色遮罩"，在效果控件窗口中找到"不透明度"，将其属性改为"85.0%"，"混合模式"改为"颜色"，如图6-45、图6-46所示。

㉛ 选中视频3轨道中的图片"4.jpg"，找到效果控件窗口中的"位置"和"缩放"属性，在00:00:04:00帧处，为"位置"和"缩放"添加两个关键帧，设置"位置"值为"960.0　540.0"，"缩放"值为"115.0"；将时间线移动到00:00:09:00帧处，为"位置"添加一个关键帧，设置"位置"值为"835.0　540.0"，如图6-47所示。

㉜ 在时间线面板中全选视频3和视频4轨道中的"蓝色遮罩"与图片"4.jpg"，单击鼠标右键设置"嵌套"，在弹出的"嵌套序列名称"中将名称改为"图片4"，如图6-48所示。

图6-45　"不透明度"和"混合模式"设置

图6-46　设置后的效果

图6-47　添加关键帧动画

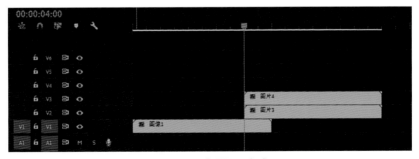

图6-48　遮罩设置完成

㉝ 选中"图片4"嵌套，找到效果控件窗口，将"不透明度"属性改为"85.0%"，"混合模式"改为"变亮"，如图6-49、图6-50所示。

图6-49 "不透明度"和"混合模式"设置

㉞ 找到工具面板下的文字工具"T",使用文字工具在监视器画面的中间偏左部分输入英文单词"peace and war",字体改为"宋体",字体大小改为"100",颜色改为"白色",如图6-51、图6-52所示。

图6-50 设置完成后的效果

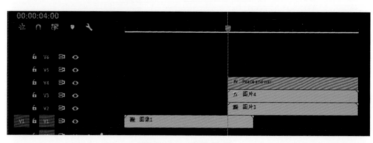

图6-51 字体位置

图6-52 字体效果

㉟ 找到效果面板中的"视频效果"→"扭曲"→"变换"特效，单击鼠标左键不放，将其拖拽给"peace and war"文字图层，如图6-53所示。

图6-53　"变换"特效

㊱ 选中"peace and war"文字图层，找到效果控件窗口中的"不透明度"属性，在00:00:04:00帧处，为"不透明度"添加关键帧，"不透明度"数值改为"0.0%"；将时间线移动到00:00:04:20帧处，"不透明度"数值改为"100.0%"，软件自动生成一个不透明度关键帧；将时间线移动到00:00:07:20帧处，继续为"不透明度"创建一个关键帧，"不透明度"数值保持为"100.0%"；将时间线移动到00:00:08:15帧处，"不透明度"数值改为"0.0%"，让文字消失，如图6-54所示。

图6-54　"不透明度"关键帧设置

㊲ 选中"peace and war"文字图层，找到效果控件窗口中"变换"特效的"缩放"属性，在00:00:00:00帧处，为"缩放"添加关键帧，"缩放"数值改为"100.0"；将时间线移动到00:00:04:15帧处，为"缩放"添加关键帧，"缩放"数值改为"90.0"，软件自动创建一个关键帧，如图6-55所示。

图6-55　"缩放"关键帧设置

㊳ 在时间线面板中全选视频2、视频3、视频4轨道中的"图片3"嵌套、"图片4"嵌套与"peace and war"字幕，单击鼠标右键设置"嵌套"，在弹出的"嵌套序列名称"中将名称改为"图像2"，如图6-56、图6-57所示。

㊴ 将时间线停留在00:00:04:00帧处，在效果面板中找到"视频过渡"→"溶解"→"交叉溶解"，单击鼠标左键选中"交叉溶解"，单击鼠标左键不放，将其直接拖拽至"图像2"嵌套的

图6-56　设置遮罩

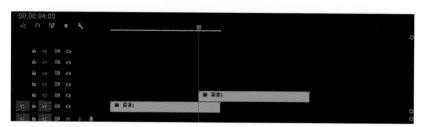

图6-57　遮罩设置完成

开头处，如图6-58、图6-59所示。

图6-58　"交叉溶解"　　　　　　　　图6-59　拖拽"交叉溶解"特效
　　　　　　特效

㊵ 按照上述两个制作方式，分别在00:00:08:00帧处制作出"图像3"嵌套，在00:00:12:00帧处制作出"图像4"嵌套，并依次摆放到时间线面板，如图6-60所示。

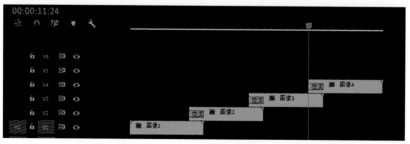

图6-60　"图像3"嵌套与"图像4"嵌套在时间线的位置

㊶ 将时间线移动到00:00:17:00帧处，找到工具面板中的"文本工具"，在画面中心输入文字"红海行动"，如图6-61所示。

㊷ 字体为"叶根友毛笔行书简体",字体大小改为"260",颜色改为"红色",RGB值改为"255、0、0",如图6-62～图6-64所示。

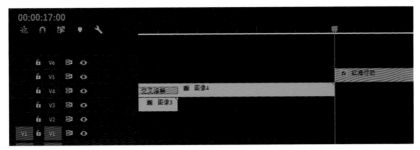

图6-61 输入文字"红海行动"

图6-62 字体属性设置

图6-63 字体颜色设置

图6-64 字体效果

㊸ 在00:00:17:00帧处,为"不透明度"添加关键帧,"不透明度"数值改为"0.0%",让文字消失;将时间线移动到00:00:17:20帧处,"不透明度"数值改为"100.0%",软件自动生成一个不透明度关键帧,让文字显示,如图6-65所示。

图6-65 "不透明度"关键帧设置

㊹ 在00:00:17:00帧处，为"缩放"添加关键帧，"缩放"数值改为"100.0"；将时间线移动到00:00:19:22帧处，为"缩放"添加关键帧，"缩放"数值为"120.0"，软件自动创建一个关键帧，如图6-66所示。

㊺ 找到效果面板中的"视频过渡"→"溶解"→"黑场过渡"，直接单击鼠标左键拖住不放，将其拖拽到"红海行动"字幕的结尾处，如图6-67所示。

㊻ 在项目面板中找到"背景音乐.mp3"，单击鼠标右键选中后，按住鼠标左键不放，将其直接拖拽到音频1轨道，如图6-68所示。

㊼ 确认"时间线"面板为激活状态，然后选择"文件"→"导出"→"媒体"菜单，在打开的"导出设置"对话框中将格式改为"H.264"，在"输出名称"选项处设置输出路径和输出文件的名称，单击"导出"按钮，如图6-69所示。

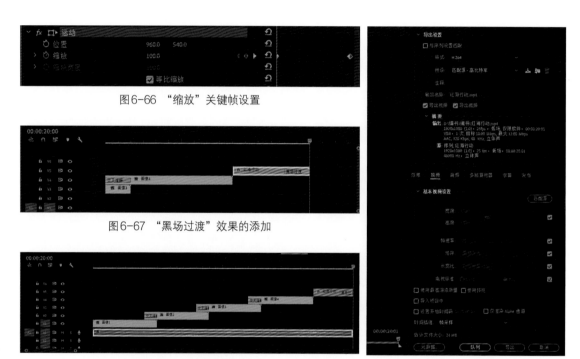

图6-66 "缩放"关键帧设置

图6-67 "黑场过渡"效果的添加

图6-68 拖拽音频素材

图6-69 导出视频

6.2 电视宣传片头——《权利的游戏》

6.2.1 效果赏析

本案例效果如图6-70所示。

权利的游戏　　　　　　　权利的游戏

克拉克 饰演
丹妮莉丝

基特 饰演 琼恩

图6-70 《权利的游戏》片头

6.2.2　知识节点

核心技术1：调整图层和变化效果的使用。

核心技术2：通过设置遮罩效果来实现笔墨效果动画。

核心技术3：通过基本3D效果实现素材的三维旋转动态效果。

6.2.3　案例素材

本案例所使用的素材如图6-71所示。

图6-71 《权利的游戏》素材

6.2.4　案例实战

① 启动Premiere Pro CC 2019，并创建一个新项目，在"新建项目"窗口中将置项目名称设置为"权利的游戏"并更改存储位置。

② 打开"新建序列"对话框，将"设置"页面的编辑模式改为"自定义"，时基改为"25.00帧/秒"，帧大小改为"1920×1080"，像素长宽比改为"方形像素（1.0）"，场改为"无场（逐行扫描）"。然后单击"确定"按钮，完成项目文件初始化设定，并进入Premiere Pro CC 2019的工作界面，如图6-72所示。

③ 双击项目面板或按下快捷键"Ctrl+I"，打开"导入素材"对话框，在弹出的对话框中选中光盘素材第6章6.2《权利的游戏》文件夹下的"1～5"图片素材与MASK_01～MASK_05视频素材、背景1与背景2、光斑1与光斑2视频等全部素材，然后单击打开按钮导入选中的素材，如图6-73、图6-74所示。

图6-72 "新建序列"对话框

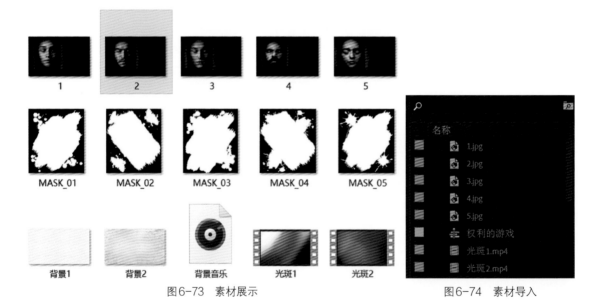

图6-73 素材展示　　　　　　　　　　　　图6-74 素材导入

④ 选中项目面板中的"背景1.png"，单击鼠标左键不放，将其拖拽到时间线面板中的视频1轨道，如图6-75所示。

⑤ 使用工具面板中的文字工具"T"，将时间线移动到00:00:00:00帧处，单击监视器窗口中间部位，输入文字"权利的游戏"，字幕大小改为"150"，颜色改为"黑色"，字体改为"Microsoft YaHei UI"，文字加粗，如图6-76、图6-77所示。

⑥ 鼠标单击项目面板下的"新建项"按钮，并选中"调整图层"。单击"调整图层"中的"确定"按钮，新建一个"调整图层"，如图6-78、图6-79所示。

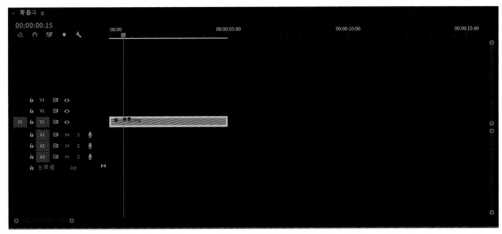

图6-75　拖拽背景素材

图6-76　文字效果　　　　　　　　　　　　图6-77　文字设置

图6-78　选中"调整图层"

图6-79　新建"调整图层"

⑦ 在项目面板中选中"调整图层"，单击鼠标左键将其拖拽到时间线面板视频3轨道，如图6-80所示。

⑧ 找到"效果"面板中的"视频效果"→"扭曲"→"变换"，按住鼠标左键不放，将其拖拽给时间线面板视频3轨道中的"调整图层"，如图6-81所示。

图6-80　拖拽"调整图层"素材

图6-81　"变换"特效

⑨ 打开"效果控件"窗口，展开"变换"特效里的"缩放"属性，在00:00:00:00帧处为"缩放"添加关键帧，数值为"100.0"；将时间线移动到00:00:04:22帧处，"缩放"数值改为"120.0"，如图6-82所示。选中"缩放"属性的最后一个关键帧，单击鼠标右键把线性改为"贝塞尔曲线"，如图6-83所示。

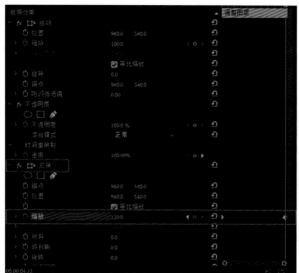

图6-82 "缩放"效果　　　　　　　　图6-83 设置"贝塞尔曲线"

⑩ 单击时间线面板，全选时间线面板的三个图层，单击鼠标右键选中"嵌套"，遮罩名称命名为"开头字幕"，单击"确定"按钮，如图6-84、图6-85所示。

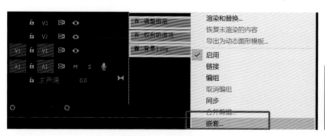

图6-84 设置嵌套　　　　　　　　　图6-85 嵌套名称

⑪ 将时间线移动到00:00:04:00帧处，在项目面板中将"背景2.jpg"拖拽到视频2轨道，如图6-86所示。

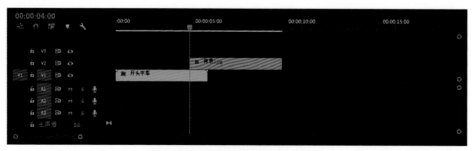

图6-86 拖拽"背景2.jpg"素材

⑫ 按下快捷键"Ctrl+N"，将"新建序列"对话框中"设置"页面的编辑模式改为"自定义"，时基改为"25.00帧/秒"，帧大小改为"960×1080"，像素长宽比改为"方形像素（1.0）"，场改

为"无场（逐行扫描）"，序列名称改为"图1遮罩"，然后单击"确定"按钮，如图6-87所示。

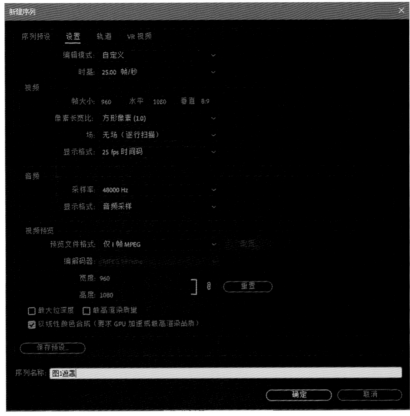

图6-87　"新建序列"对话框

⑬ 选中项目窗口中的素材"MASK_01.mp4"，单击鼠标左键不放，将其拖拽到时间线面板"图1遮罩"序列里面的视频2轨道，这时会弹出"剪辑不匹配警告"窗口，单击"保持现有设置"按钮，如图6-88、图6-89所示。

图6-88　保持现有设置

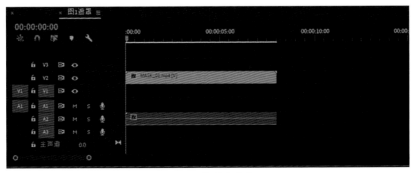

图6-89　素材所在位置

⑭ 在项目窗口找到图片"1.jpg"素材，将其拖拽到时间线面板"图1遮罩"序列里面的视频1轨道，并延长图片素材，使其与视频2素材的长度相同。效果控件中"位置"属性改为"830.0　540.0"。选中图片"1.jpg"素材，单击鼠标右键选择"嵌套"，嵌套名称命名为"1"，单击"确定"按钮，如图6-90所示。

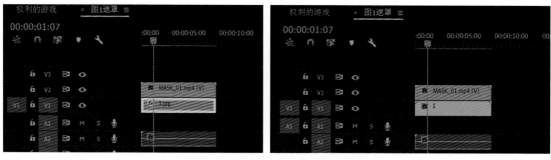

图6-90　设置嵌套

⑮ 找到"效果"面板里的"视频效果"→"通道"→"设置遮罩"特效，单击鼠标左键不放，将其拖拽到时间线面板"图1遮罩"序列里面的视频1轨道"1"嵌套素材上，如图6-91所示。

⑯ 打开"效果控件"窗口，展开"设置遮罩"特效，找到"从图层获取遮罩"属性并更改为"视频2轨道"，"用于遮罩"属性更改为"变亮"，如图6-92所示。

图6-91　"设置遮罩"特效　　　　　　　　图6-92　遮罩属性设置

⑰ 单击视频2轨道左侧的"显示"图标，关闭时间线面板视频2轨道的"显示"属性，如图6-93所示。播放视频，显示遮罩动画，如图6-94所示。

⑱ 时间线面板切换到"权利的游戏"序列，在项目窗口中找到"图1遮罩"序列，单击鼠标左键将其拖动到"权利的游戏"序列的视频3轨道，开头和结尾与视频2轨道素材对齐，并将"图1遮罩"的"位置"属性改为"800.0　540.0"，如图6-95所示。

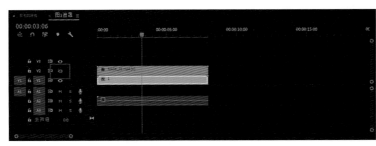

图6-93 关闭视频轨道2的"显示"属性

图6-94 遮罩动画效果

图6-95 素材的位置关系与效果显示

⑲ 在项目面板中找到"调整图层",并拖拽至"权利的游戏"序列时间线面板的视频4轨道,如图6-96所示。

⑳ 找到"效果"面板里的"视频效果"→"透视"→"基本3D"特效,将其拖拽到时间线面板"权利的游戏"序列里面的视频4轨道中的"调整图层",如图6-97所示。

㉑ 打开"效果控件"窗口,展开"基本3D"特效,找到"与图像的距离"属性并更改为"-50.0",在00:00:04:00帧处,为基本3D"旋转"添加关键帧,数值为"-31.0°";将时间线移动到00:00:08:24帧处,将基本3D"旋转"数值改为"0.0°",做出一个图片倾斜旋转效果,如图6-98所示。

图6-96 新建"调整图层"

图6-97 基本3D效果

图6-98 "基本3D"效果的设置

㉒ 使用工具面板中的文字工具"T",将时间线移动到00:00:05:00帧处,单击监视器窗口右下方,输入文字"克拉克 饰演 丹妮莉丝",字幕大小改为"80",字体改为"Microsoft YaHei UI",字体加粗,字幕素材与其他素材结尾处对齐,如图6-99、图6-100所示。

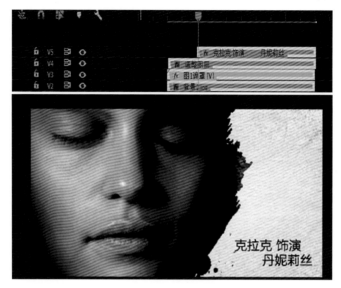

图6-99　字体位置

㉓ 找到"效果"面板里的"视频效果"→"过时"→"快速模糊"特效,单击鼠标左键不放,将其拖拽给时间线面板视频5轨道中的"克拉克 饰演 丹妮莉丝"字幕,如图6-101所示。

图6-100　字体设置　　　　　　　　　图6-101　"快速模糊"特效

㉔ 找到"效果控件"窗口,在00:00:05:00帧处为"模糊"添加关键帧,数值为"50.0","不透明度"数值改为"0.0%";将时间线移动到00:00:05:19帧处,"模糊度"数值改为"0.0""不透明度"数值改为"100.0%",如图6-102所示。

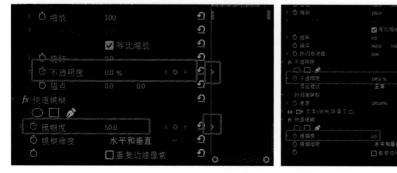

图6-102　"不透明度"和"模糊度"效果

㉕ 将字幕素材裁切到00:00:08:24帧处，单击时间线面板，按下"Shift"键全选时间线面板的视频2~5轨道中的素材，单击鼠标右键选择设置嵌套，嵌套命名为"图像1"，单击"确定"按钮，如图6-103所示。

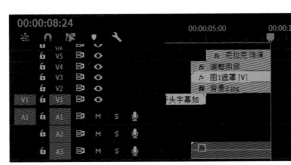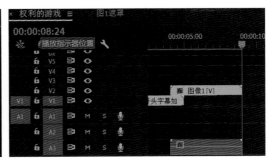

图6-103 设置"图像1"嵌套

㉖ 将时间线移动到00:00:08:00帧处，将"背景2.jpg"拖拽到视频3轨道，如图6-104所示。

图6-104 拖入"背景2.jpg"素材

㉗ 将"新建序列"对话框中"设置"页面的编辑模式改为"自定义"，时基改为"25.00帧/秒"，帧大小改为"960×1080"，像素长宽比改为"方形像素（1.0）"，场改为"无场（逐行扫描）"，序列名称改为"图2遮罩"，然后单击"确定"按钮，如图6-105所示。

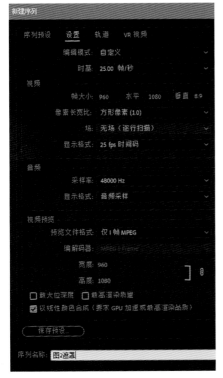

㉘ 选中项目窗口中的素材"MASK_02.mp4"，单击鼠标左键不放，将其拖拽到时间线面板"图2遮罩"序列里面的视频2轨道，这时会弹出"剪辑不匹配警告"窗口，单击"保持现有设置"按钮，如图6-106所示。

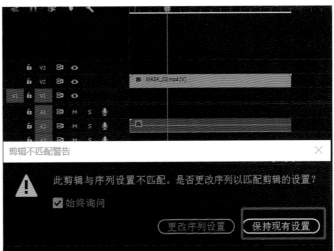

图6-105 "新建序列"对话框　　　　图6-106 拖入视频素材

　　在项目窗口找到素材"图片2.jpg"，将其拖拽到时间线面板"图2遮罩"序列里面的视频1轨道（图片素材的"位置"属性为"830.0　540.0"），并延长素材"图片2.jpg"，使其与视频2轨道"MASK_02.mp4"素材长度相同。单击鼠标右键选择嵌套属性，命名为"2"，单击"确定"按钮，如图6-107所示。

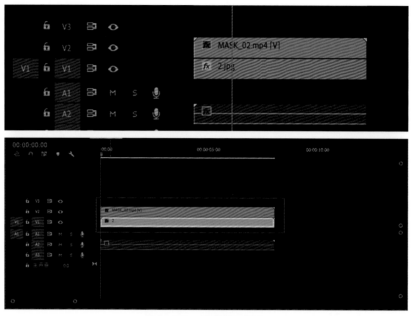

图6-107　新建图片嵌套

　　㉙ 找到"效果"面板里的"视频效果"→"通道"→"设置遮罩"特效，并将其拖拽到时间线面板"图2遮罩"里面的视频1轨道的"2"嵌套上。

　　㉚ 打开"效果控件"窗口，展开"设置遮罩"特效，找到"从图层获取遮罩"属性并更改为"视频2"轨道，"用于遮罩"属性更改为"变亮"，如图6-108所示。

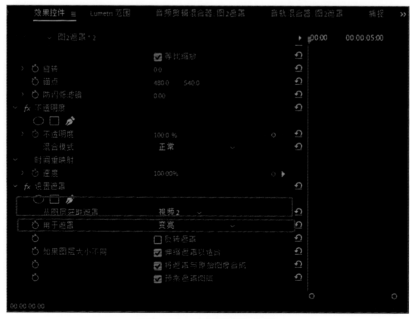

图6-108　"设置遮罩"属性

㉛ 关闭时间线面板视频 2 轨道的显示属性，如图 6-109、图 6-110 所示。

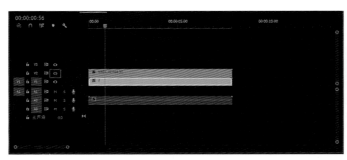

图 6-109　关闭视频轨道 2 的显示开关

图 6-110　视频效果

㉜ 在时间线面板中切换到"权利的游戏"序列，将时间线移动到 00:00:08:00 帧处，在项目窗口中找到"图 2 遮罩"，单击鼠标左键拖动到"权利的游戏"序列里的视频 4 轨道，开头和结尾与视频 3 轨道素材对齐。将"图 2 遮罩"的"位置"属性更改为"800.0　540.0"，在项目窗口中找到"调整图层"，并将其拖拽至视频 5 轨道，如图 6-111、图 6-112 所示。

图 6-111　"图 2 遮罩"的"位置"属性

图 6-112　时间线面板的素材位置

㉝ 找到"效果"面板里的"视频效果"→"透视"→"基本 3D"特效，并将其拖拽到时间线面板视频 5 轨道中的调整图层上。

㉞ 打开"效果控件"窗口，展开"基本 3D"特效，找到"与图像的距离"属性并更改为"-50.0"，在 00:00:08:00 帧处为基本 3D"旋转"添加关键帧，数值改为"-31.0°"；将时间线移动到 00:00:12:24 帧处，基本 3D"旋转"数值改为"0.0°"，如图 6-113 所示。

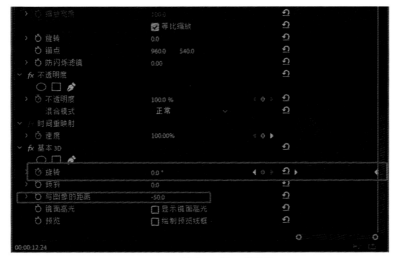

图 6-113　基本 3D 效果的设置

㉟ 使用工具面板中的文字工具"T"，并将时间线移动到00:00:09:00帧处，单击监视器窗口右下方，输入文字"基特 饰演 琼恩"，字幕大小改为"80"，字体改为"Microsoft YaHei UI"，字体加粗，字幕素材与其他素材结尾处对齐，如图6-114、图6-115所示。

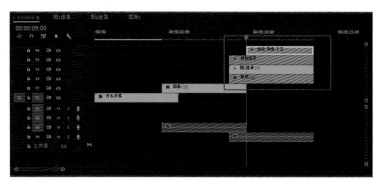

图6-114　时间线上字幕位置

㊱ 找到"效果"面板里的"视频效果"→"过时"→"快速模糊"特效并将其拖拽到时间线面板视频6轨道中的"基特 饰演 琼恩"字幕。

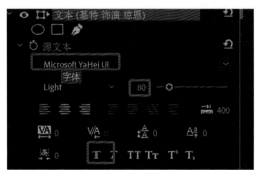

图6-115　输入文字

㊲ 找到"效果控件"窗口，在00:00:09:00帧处为"模糊度"添加关键帧，数值为"50.0"，"不透明度"数值改为"0.0%"；将时间线移动到00:00:09:19帧处，"模糊度"数值改为"0.0"，"不透明度"数值改为"100.0%"，如图6-116所示。

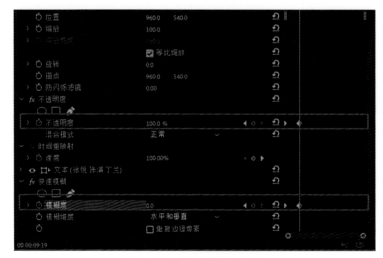

图6-116　"快速模糊"设置

㊳ 单击时间线面板，按下"Shift"键选中时间线面板的视频3～6轨道中的素材，单击鼠标右键选中嵌套，命名为"图像2"，单击"确定"按钮，如图6-117所示。

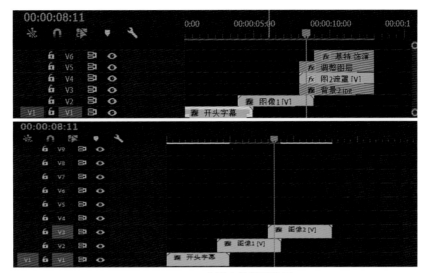

图6-117　三个嵌套的排列位置

㊴ 按照同样的方法，在00:00: 12:00帧处、00:00:16:00帧处、00:00:20:00帧处，做出"图像3"嵌套、"图像4"嵌套、"图像5"嵌套，如图6-118、图6-119所示。

图6-118　后三个嵌套的文字效果图

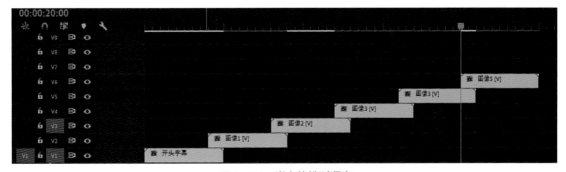

图6-119　嵌套的排列顺序

㊵ 在视频3轨道的00:00:02:23帧处拖入"光斑1.mp4"素材，单击选中"光斑1. mp4"素材，找到效果面板，将"不透明度"下拉列表里的"混合模式"改为"滤色"，如图6-120所示。

㊶ 分别在视频5轨道的00:00:10:23帧处、视频7轨道的00:00:18:23帧处，复制"光斑1. mp4"素材，如图6-121所示。

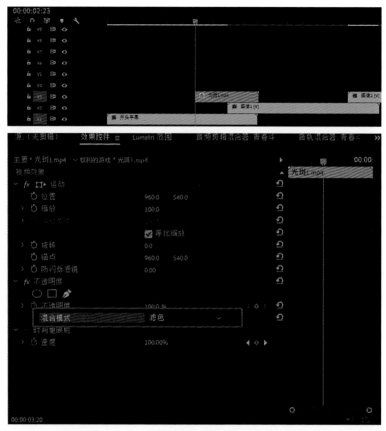

图6-120　拖拽"光斑1.mp4"素材并更改"混合模式"

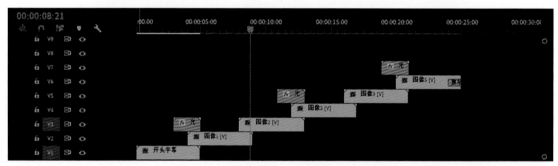

图6-121　视频轨道上的"光斑1.mp4"素材

㊷ 分别在视频4轨道的00:00:07:00帧处和视频6轨道的00:00:15:00帧处，拖入项目窗口中的"光斑2. mp4"素材，分别将"光斑2.mp4"素材"不透明度"下拉列表中的"混合模式"改为"滤色"，如图6-122所示。

㊸ 在项目窗口中找到"背景音乐.mp3"。在00:00:00:00帧处将"背景音乐.mp3"拖拽到"权利的游戏"序列的时间线面板音频1轨道，然后找到效果面板里的"视频过渡"→"溶解"→"黑场过渡"特效，并将其拖拽到时间线面板视频6轨道中的"图像5"序列，如图6-123所示。

㊹ 确认"时间线"面板为激活状态，然后选择"文件"→"导出"→"媒体"菜单，在打开的"导出设置"对话框中将"格式"改为"H.264"，在"输出名称"选项处设置输出路径和输出文件名称，单击"导出"按钮，如图6-124所示。

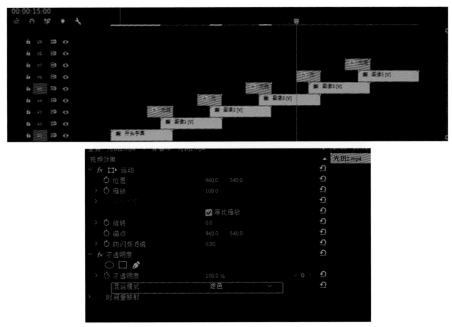

图6-122　拖拽"光斑2.mp4"素材并更改"混合模式"

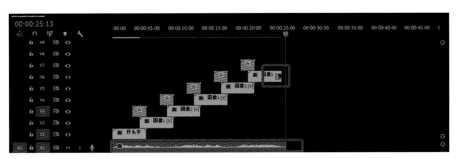

图6-123　加入背景音乐与黑场过渡

图6-124　导出视频

第7章 广告片头制作

影视广告在我们的日常生活中随处可见，它能够高效、快速地宣传产品或者品牌的价值与优势，突出产品的卖点和特色，属于商业性很强的影视表现类型。影视广告片头的制作需要突出实用性、商业性、概括性和艺术性的特点，需要在短时间内突出产品内容，这也是我们以后接触最多的一种影视表现类型。

7.1 特色美食广告——《中国美食》

7.1.1 效果赏析

本案例效果如图7-1所示。

图7-1 《中国美食》广告片头

7.1.2 知识节点

核心知识点1：图层与"嵌套"动画的使用技巧。
核心知识点2：利用有限的相同素材进行不同效果的排版和构图。
核心知识点3：灵活使用视频过渡效果中的转场效果，对嵌套进行无缝衔接。

7.1.3 案例素材

本案例所使用的素材如图7-2所示。

图7-2　《中国美食》广告素材

7.1.4　案例实战

①　启动 Premiere Pro CC 2019，并创建一个新项目，在"新建项目"窗口中将项目名称设置为"中国美食"并更改存储位置，如图7-3所示。

②　打开"新建序列"对话框，将"设置"的编辑模式改为"自定义"，时基改为"25.00帧/秒"，帧大小改为"1920×1080"，像素长宽比改为"方形像素（1.0）"，场改为"无场

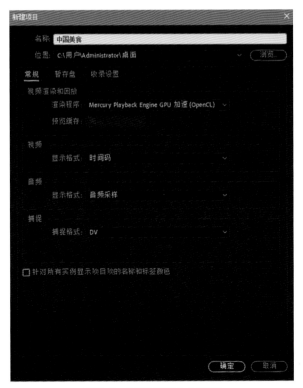

图7-3　"新建项目"对话框

（逐行扫描）"。然后单击"确定"按钮，完成项目文件初始化设定，并进入Premiere Pro CC 2019的工作界面，如图7-4所示。

图7-4　"新建序列"对话框

③ 双击项目面板或按下组合键"Ctrl+I"打开"导入素材"对话框，在弹出的对话框中选中光盘素材第7章7.1《中国美食》文件夹下的所有素材，然后单击"打开"按钮导入选中的素材。

图7-5　导入素材并新建"颜色遮罩"

④ 单击项目窗口下的"新建项"按钮，选择"颜色遮罩"，在弹出的"新建颜色遮罩"对话框中单击"确定"按钮，并在弹出的"拾色器"对话框中，将颜色RGB值更改为"222、222、222"，并把遮罩名称改为"背景颜色"，如图7-5 ～图7-7所示。

图7-6　新建"颜色遮罩"

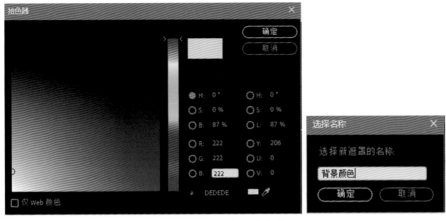

图7-7　遮罩颜色的修改

⑤ 在时间线面板空白处，单击鼠标右键添加轨道，弹出"添加轨道"窗口，在"视频轨道"下方添加3条视频轨道，单击"确定"按钮，如图7-8所示。

图7-8　添加轨道

⑥ 将时间线移动到00:00:00:00帧处，选中项目窗口中刚刚建立的"背景颜色"遮罩，单击鼠标左键不放，将其拖拽到视频1轨道。选中项目窗口中的"logo.png"，单击鼠标左键不放，将其拖拽到视频2轨道。选中项目窗口中的"中国美食.png"，单击鼠标左键不放，将其拖拽到视频3轨道，如图7-9所示。

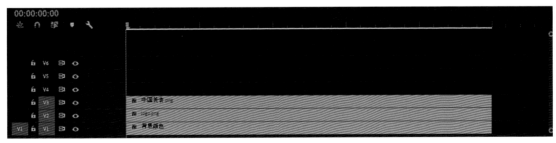

图7-9　视频轨道中的三个素材

⑦ 单击鼠标选中视频3轨道中的"中国美食.png"，在"效果控件"面板中找到该素材的"缩放"和"位置"数值，将"缩放"数值改为"116.0"，"位置"数值改为"972.0　572.0"，使"中国美食.png"与"logo.png"在画面中对齐，如图7-10所示。

图7-10 "缩放"和"位置"关键帧设置　　　　　　图7-11 嵌套名称

⑧ 选中视频2与视频3轨道中的素材，单击鼠标右键，选择"嵌套"，并把嵌套名称改为"logo"，如图7-11、图7-12所示。

选中视频2轨道中的"logo"嵌套，在"效果控件"面板中找到"缩放"和"位置"，将"缩放"数值改为"85.0"，"位置"数值改为"960.0 597.0"，使"logo"整体下移，如图7-13、图7-14所示。

⑨ 选中工具面板中的文字工具"T"，在节目监视器画面的中间位置输入"中国美食"四个文字，如图7-15所示。

图7-12 "logo"嵌套　　　　　　　　　　图7-13 "缩放"和"位置"
　　　　　　　　　　　　　　　　　　　　　　　　参数设置

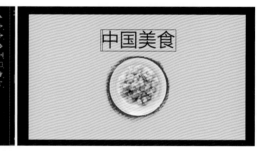

图7-14 "logo"在画面中的位置　　　　　　图7-15 输入文字

单击鼠标右键全选"中国美食"四个文字，在文字特效控制台下，更改文字属性。字体改为"KaiTi"，字体大小改为"166"，文字加粗，填充颜色改为"纯黑色"，"位置"改为"618.0 265.0"，如图7-16所示。

⑩ 将时间线移动到00:00:00:00帧处，选中项目窗口中的"背景.png"，单击鼠标左键不放，将其拖拽到"视频4轨道"。在"效果控件"面板中找到"不透明度"属性下的"混合模式"，并把"混合模式"改为"线性加深"，如图7-17、图7-18所示。

⑪ 将时间线移动到00:00:00:00帧处，选中项目窗口中的"云1.png""云2.png""云3.png"，单击鼠标左键不放，将它们分别拖拽到视频5、视频6、视频7轨道，如图7-19所示。

选中视频5轨道中的"云1.png"素材，在"效果控件"面板找到"运动"属性，"位置"改为"-35.0 540.0"，"缩放"改为"80.0"，如图7-20所示。

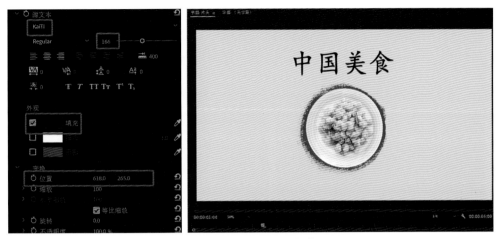

图7-16　大小设置与文字效果

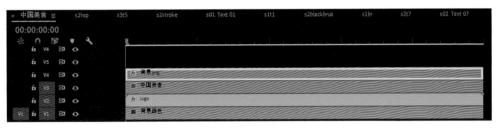

图7-17　拖拽素材

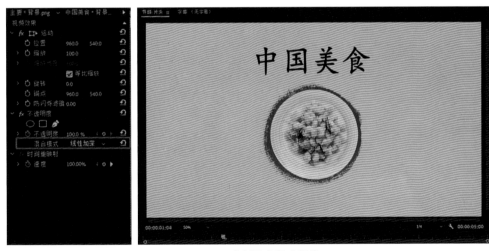

图7-18　素材混合模式调整

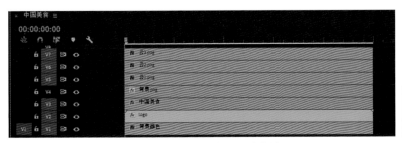

图7-19　视频轨道中的素材

图7-20　"位置"参数设置

　　选中视频6轨道中的"云2.png"素材，在"效果控件"面板找到"运动"属性，"位置"改为"2140.0　300.0"，"缩放"数值改为"80.0"，如图7-21所示。

　　选中视频7轨道中的"云3.png"素材，在"效果控件"面板找到"运动"属性，"位置"改为"1410.0　800.0"，"缩放"改为"80.0"。

　　云彩位置效果如图7-22所示。

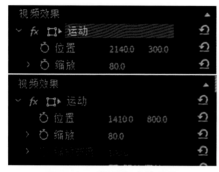

图7-21　"位置"参数调节　　　　　　　　图7-22　云彩位置效果

　　⑫ 将时间线移动到00:00:00:00帧处，选中时间线面板中视频2轨道中的"logo"嵌套，在"效果控件"面板找到"不透明度"属性，将"不透明度"数值更改为"0.0%"；将时间线移动到00:00:00:15帧处，"不透明度"数值改为"100%"，如图7-23所示。

　　⑬ 将时间线移动到00:00:00:00帧处，选中时间线面板中视频3轨道中的"中国美食"文字，在"效果控件"面板找到"矢量运动"下的"位置"属性，将"位置"属性值更改为"960.0　40.0"；将时间线移动到00:00:00:15帧处，"位置"属性值更改为"960.0　540.0"，如图7-24所示。

图7-23　"不透明度"关键帧设置　　　　　图7-24　"位置"关键帧设置

　　⑭ 将时间线移动到00:00:00:00帧处，选中时间线面板中视频5轨道中的"云1.png"素材，在"效果控件"面板找到"位置"属性，为"位置"属性添加关键帧，"位置"属性值为"-35.0　540.0"；将时间线移动到00:00:04:24帧处，"位置"属性值为"100.0　540.0"，如图7-25所示。

图7-25　"云1.png"素材"位置"关键帧设置

　　⑮ 将时间线移动到00:00:00:00帧处，选中时间线面板中视频6轨道中的"云2.png"素材，在"效果控件"面板找到"位置"属性，为"位置"属性添加关键帧，"位置"属性值为"2140.0　300.0"；将时间线移动到00:00:04:24帧处，"位置"属性值为"2275.0　300.0"，如图7-26所示。

　　⑯ 将时间线移动到00:00:00:00帧处，选中时间线面板中视频7轨道中的"云3.png"素材，在"效果控件"面板找到"位置"属性，为"位置"属性添加关键帧，"位置"属性值为"1410.0　800.0"；将时间线移动到00:00:04:24帧处，"位置"属性值为"1545.0　800.0"，如图7-27所示。

　　⑰ 选中时间线面板中的所有素材，单击鼠标右键，选择"嵌套"，在弹出的"嵌套"对话框

图7-26　"云2.png"素材"位置"关键帧设置

图7-27　"云3.png"素材"位置"关键帧设置

中，将嵌套名称更改为"片头"，如图7-28、图7-29所示。

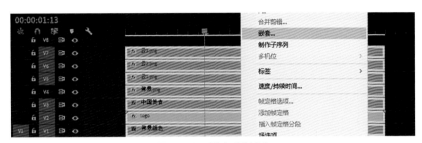

图7-28　新建"嵌套"

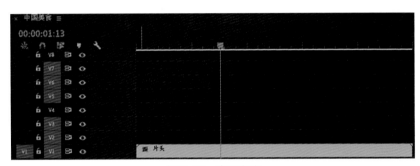

图7-29　嵌套完成

⑱ 将时间线移动到00:00:00:00帧处，选中时间线面板中的"片头"嵌套，在"效果控件"面板找到"运动"属性，为"运动"属性中的"缩放"添加关键帧，"缩放"值为"115.0"；将时间线移动到00:00:04:24帧处，"缩放"值改为"100.0"；单击鼠标选中最后一个缩放关键帧，单击鼠标右键，将关键帧的属性更改为"贝塞尔曲线"，如图7-30所示。

图7-30　添加"缩放"关键帧并更改"贝塞尔曲线"

⑲ 将时间线移动到00:00:04:24帧处，选中项目窗口中的"背景颜色"素材，并将其拖拽到视频1轨道；选中项目窗口中的"矩形3.png"素材，并将其拖拽到视频2轨道，如图7-31所示。选中视频2轨道中的"矩形3.png"素材，在"效果控件"面板中找到"位置"属性，将"位置"属性值改为"350.0　540.0"，如图7-32所示。

图7-31　"背景颜色"与"矩形3.png"素材

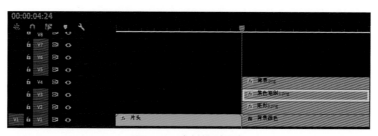

图7-32　参数设置

⑳ 将时间线移动到00:00:04:24帧处，选中项目窗口中的"黑色笔刷1.png"素材，并将其拖拽到视频3轨道；选中项目窗口中的"背景.png"素材，并将其拖拽到视频4轨道，如图7-33所示。选中视频3轨道中的"黑色笔刷1.png"素材，在"效果控件"面板中找到"位置"属性，将"位置"属性值改为"570.0　540.0"；选中视频4轨道中的"背景.png"，在"效果控件"面板中找到"不透明度"属性，将其"混合模式"改为"线性加深"，如图7-34、图7-35所示。

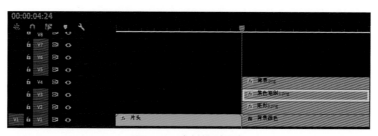

图7-33　素材排列顺序

图7-34　"位置"属性设置　　　　　　　　　　图7-35　"线性加深"效果设置

㉑ 将时间线移动到00:00:04:24帧处，选中项目窗口中的"麻婆豆腐.png"素材，将其拖拽到视频5轨道，并在"效果控件"面板找到"位置"属性，将"位置"属性值改为"540.0　540.0"，如图7-36、图7-37所示。

图7-36　运动效果

㉒ 将时间线移动到00:00:04:24帧处，选中项目窗口中的"矩形2.png"素材，并将其拖拽到视频6轨道；选中项目窗口中的"矩形1.png"素材，并将其拖拽到视频7轨道，如图7-38所

图7-37 素材效果

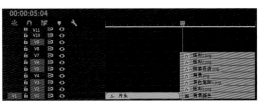

图7-38 视频轨道中的素材位置

示。在"效果控件"面板中找到"位置"属性,把"矩形2.png"的"位置"属性值改为"1700.0
920.0","矩形1.png"的"位置"属性值改为"1700.0 335.0",效果如图7-39所示。

㉓ 选中工具面板中的文字工具"T",在节目监视器画面的右侧偏上位置输入"麻婆豆腐"
四个文字,如图7-40所示。

图7-39 素材展示的效果

图7-40 文字效果

单击鼠标右键全选"麻婆豆腐"四个文字,并更改文字属性。字体改为"Microsoft YaHei",
字体大小改为"162",文字加粗,填充颜色改为"纯黑色","变换"属性下的"位置"改为
"1210.0 270.0",如图7-41所示。

㉔ 选中工具面板中的文字工具"T",在节目监视器画面的右侧偏上位置输入"主要原料为
豆瓣、豆腐、牛肉末(也可以用猪肉)、辣椒和花椒等,麻来自花椒,辣来自辣椒面,这道菜突
出了川菜'麻辣'的特点,其口味独特,口感顺滑."一行文字,如图7-42所示。

图7-41 文字属性的更改

图7-42 输入文字

㉕ 单击鼠标右键全选"主要原料……"一行文字，并更改文字属性。字体改为"Microsoft YaHei"，字体大小改为"35"，文字加粗，填充颜色改为"纯黑色"，"变换"属性下的"位置"改为"1105.0　450.0"，如图7-43所示。

㉖ 选中工具面板中的文字工具"T"，在节目监视器画面的右侧偏下位置输入"价格"两个文字，如图7-44所示。找到文字的特效控制台，更改文字属性。字体改为"Microsoft YaHei"，字体大小改为"100"，文字加粗，填充颜色改为"纯黑色"，"变换"属性下的"位置"改为"1600.0　800.0"，如图7-45所示。

图7-43　文字属性　　　　　　　图7-44　输入文字　　　　　　图7-45　字体属性的
　　　的更改　　　　　　　　　　　　　　　　　　　　　　　　　　更改

㉗ 选中工具面板中的文字工具"T"，在节目监视器画面的右侧偏下位置输入"15元"两个文字，如图7-46所示，并更改文字属性。字体改为"Microsoft YaHei"，字体大小改为"100"，文字加粗，填充颜色改为"纯白色"，"位置"改为"1600.0　960.0"，如图7-47所示。

图7-46　输入文字　　　　　　　图7-47　字体属性的
　　　　　　　　　　　　　　　　　　　　更改

㉘ 将时间线移动到00:00:05:00帧处，选中视频6轨道中的"矩形2.png"，并在"效果控件"面板找到"位置"属性，将"位置"属性值改为"2500.0　920.0"；将时间线移动到00:00:05:12帧处，"位置"属性值为"1700.0　920.0"；单击鼠标选择最后一个关键帧，单击鼠标右键，将关键帧属性改为"贝塞尔曲线"，如图7-48、图7-49所示。

㉙ 将时间线移动到00:00:05:00帧处，选中视频7轨道中的"矩形1.png"，并在效果控制面板找到"运动"属性，将"运动"下的"位置"属性值改为"2500.0　335.0"；将时间线移动到00:00:05:12帧处，"位置"属性值改为"1700.0　335.0"；单击鼠标选择最后一个关键帧，单击鼠标右键，关键帧属性改为"贝塞尔曲线"，如图7-50所示。

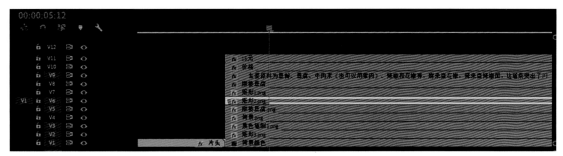

图7-48　选中"矩形2.png"素材

图7-49　更改"矩形2.png"字幕的"位置"属性和"贝塞尔曲线"

㉚ 将时间线移动到00:00:05:00帧处，选中视频8轨道中的"麻婆豆腐"文本，并在"效果控件"面板找到"位置"属性，将"位置"属性值改为"1760.0　540.0"；将时间线移动到00:00:05:12帧处，"位置"属性值改为"960.0　540.0"；单击鼠标选择最后一个关键帧，单击鼠标右键，关键帧属性改为"贝塞尔曲线"，如图7-51所示。

图7-50　"矩形1.png"字幕的"位置"属性和"贝塞尔曲线"的更改　　　图7-51　"麻婆豆腐"字幕的"位置"属性和"贝塞尔曲线"的更改

㉛ 将时间线移动到00:00:05:00帧处，选中视频9轨道中的"主要原料……"文本，并在"效果控件"面板找到"位置"属性，将"位置"属性值改为"1800.0　540.0"；将时间线移动到00:00:05:12帧处，"位置"属性值改为"960.0　540.0"；单击鼠标选择最后一个关键帧，单击鼠标右键，关键帧属性改为"贝塞尔曲线"，如图7-52所示。

㉜ 将时间线移动到00:00:05:00帧处，选中视频10轨道中的"价格"文本，并在"效果控件"面板找到"位置"属性，将"位置"属性值改为"1760.0　540.0"；将时间线移动到00:00:05:12帧处，"位置"属性值改为"960.0　540.0"；单击鼠标选择最后一个关键帧，单击鼠标右键，关键帧属性改为"贝塞尔曲线"，如图7-53所示。用同样的数值修改视频11轨道中的"15"文本。

㉝ 视频6轨道～视频11轨道中的素材都被增加了"位置"属性，我们需要对素材的"位置"属性进行错帧，让动画产生节奏感。将时间线移动到00:00:05:02帧处，拖动视频7轨道中的

图7-52 "主要原料……"字幕的"位置" 　　　图7-53 "价格"字幕的"位置"属性和
属性和"贝塞尔曲线"的更改 　　　　　　　　　"贝塞尔曲线"的更改

"矩形1.png"素材,使其入点与时间线对齐,如图7-54所示。

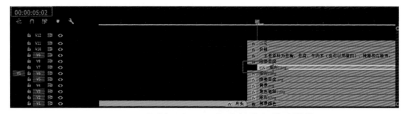

图7-54 对"矩形1.png"素材进行移动错帧

将时间线移动到00:00:05:04帧处,拖动视频9轨道中的"主要原料……"文本,使其入点与时间线对齐,如图7-55所示。

图7-55 对"主要原料……"字幕进行移动错帧

将时间线移动到00:00:05:06帧处,拖动视频10轨道中的"价格"文本,使其入点与时间线对齐,如图7-56所示。

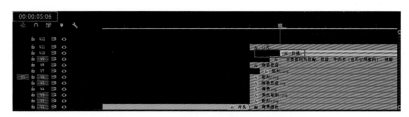

图7-56 对"价格"字幕进行移动错帧

将时间线移动到00:00:05:08帧处,拖动视频6轨道中的"矩形2.png"素材,使其入点与时间线对齐,如图7-57所示。

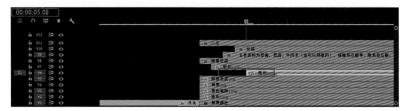

图7-57 对"矩形2.png"素材进行移动错帧

将时间线移动到00:00:05:10帧处,拖动视频11轨道中的"15元"文本,使其入点与时间线对齐,如图7-58所示。

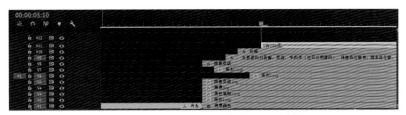

图7-58　对"15元"字幕进行移动错帧

㉞ 将时间线移动到00:00:10:00帧处,用剃刀工具裁剪并删除掉全部视频轨道后面的多余素材,使其各视频素材尾部对齐,如图7-59所示。

㉟ 将时间线移动到00:00:05:00帧处,全选时间线后视频1~11轨道中的所有素材,按下快捷键"Ctrl+C"复制选中的素材,然后将时间线移动到00:00:10:00帧处,按下快捷键"Ctrl+V"粘贴复制的素材,如图7-60、图7-61所示。

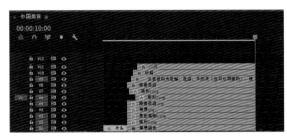

图7-59　裁剪并对齐素材

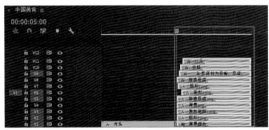

图7-60　选择视频1~11轨道中的所有素材并复制

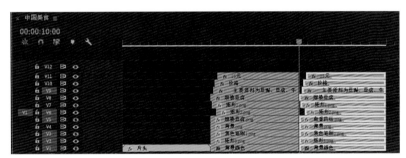

图7-61　粘贴素材

㊱ 将时间线移动到00:00:15:00帧处,按下快捷键"Ctrl+V"粘贴复制的素材,再将时间线移动到00:00:20:00帧处,按下快捷键"Ctrl+V"粘贴复制的素材,一共复制三次素材,如图7-62所示。

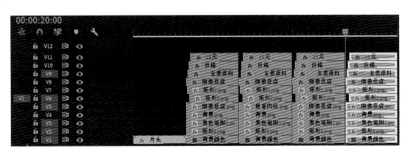

图7-62　再次复制素材

㊲ 将时间线移动到00:00:05:00帧处,全选时间线00:00:05:00帧处至00:00:10:00帧处视频1~11轨道中的所有素材,单击鼠标右键,选择"嵌套",在弹出的"嵌套"对话框中将序列

名称改为"麻婆豆腐",单击"确定"按钮,如图7-63～图7-65所示。

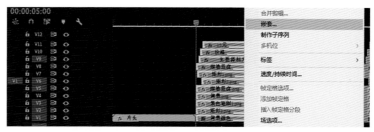

图7-63　新建嵌套

图7-64　嵌套名称

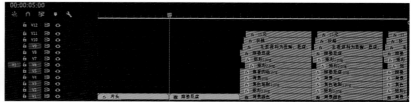

图7-65　嵌套完成

㊳ 将时间线移动到00:00:10:00帧处,全选时间线00:00:10:00帧处至00:00:15:00帧处视频1～11轨道中的所有素材,单击鼠标右键,选择"嵌套",在弹出的"嵌套"对话框中将序列名称改为"鱼香肉丝",单击"确定"按钮,如图7-66、图7-67所示。

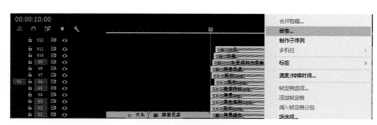

图7-66　新建嵌套

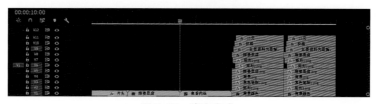

图7-67　嵌套完成

㊴ 利用同样的方法,将后面两端的素材分别命名为"糖醋里脊"和"宫爆鸡丁"嵌套,如图7-68所示。

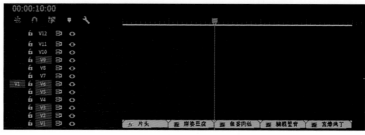

图7-68　完成后面两个嵌套

㊵ 选中视频1轨道中的"鱼香肉丝"嵌套，双击鼠标进入序列嵌套，对"鱼香肉丝"序列嵌套的内容和动画属性进行修改，如图7-69、图7-70所示。

图7-69　选中嵌套

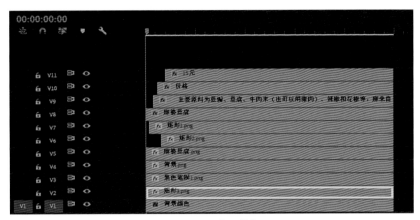

图7-70　进入嵌套

㊶ 在"鱼香肉丝"嵌套中，将时间线移动到00:00:00:00处，单击鼠标选中视频2轨道中的"矩形3.png"素材，找到效果控件面板，将"位置"属性更改为"1570.0　540.0"，如图7-71所示。

图7-71　"运动"属性的更改

㊷ 在"鱼香肉丝"嵌套中，单击鼠标选中项目窗口中的"红色笔刷.png"，按住鼠标左键不放，将其拖拽至视频3轨道替换原有的"黑色笔刷.png"素材，并找到效果控件面板，将"位置"属性更改为"1200.0　540.0"，如图7-72、图7-73所示。

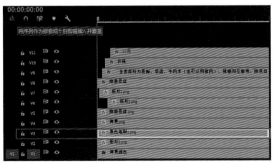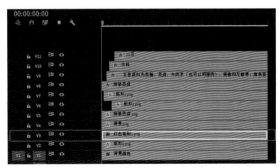

图7-72　素材替换

㊸ 单击鼠标选中项目窗口中的"鱼香肉丝.png"，将其拖拽至视频5轨道替换原有的"麻婆豆腐.png"素材，并找到效果控件面板，将"位置"属性更改为"1400.0　540.0"，如图7-74、图7-75所示。

㊹ 将时间线切换到00:00:01:00帧处，双击监视器窗口的"麻婆豆腐"文本，进入文本编辑模式后，将文本文字更改为"鱼香肉丝"，如图7-76所示。

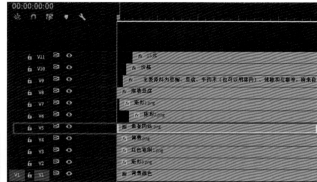

图7-73 "位置"属性的更改　　　　图7-74 素材替换

图7-75 替换后的效果

图7-76 重新对文字进行编辑

㊺ 将时间线切换到00:00: 00:00帧处，单击鼠标选中视频8轨道中的"鱼香肉丝"文本，并找到"效果控件"面板，将"位置"属性更改为"–1010.0 540.0"；将时间线切换到00:00:00:12帧处，将"位置"属性更改为"–200.0 540.0"，如图7-77、图7-78所示。

㊻ 将时间线切换到00:00:00:02帧处，单击鼠标选中视频7轨道中的"矩形1.png"，并找到"效果控件"面板，将"位置"属性更改为"–180.0 335.0"；将时间线切换到00:00:00:14帧处，将"位置"属性更改为"200.0 335.0"，如图7-79所示。

㊼ 将时间线切换到00:00:00:04帧处，单击选中视频9轨道中的"主要原料为……"文本，并找到"效果控件"面板，将"位置"属性更改为"–1000.0 335.0"；将时间线切换到00:00:00:16帧处，将"位置"属性更改为"–100.0 540.0"。双击监视器窗口中的"主要原料为……"文本，进入文本编辑模式后，将文

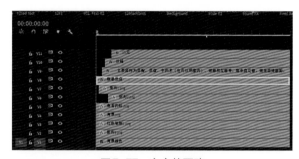

图7-77 文字的更改

图7-78 文字的"位置"属性的更改

图7-79 "矩形1.png"的"位置"属性的更改

本文字更改为“肉丝软嫩、配料脆嫩。色泽红润，红白黑相间。咸甜酸辣兼备，葱姜蒜味浓郁。是传世的珍馐美味佳品。”，如图7-80所示。

㊽ 将时间线切换到00:00:00:00帧处，单击选中视频10轨道中的“价格”文本，并找到“效果控件”面板，将“位置”属性更改为“-900.0　540.0”；将时间线切换到00:00:00:18帧处，将“位置”属性更改为“-560.0　540.0”，如图7-81所示。

㊾ 将时间线切换到00:00:00:08帧处，单击选中视频2轨道中的“矩形2.png”素材，并找到“效果控件”面板，将“位置”属性更改为“-180.0　920.0”；将时间线切换到00:00:00:20帧处，将“位置”属性更改为“200.0　920.0”，如图7-82所示。

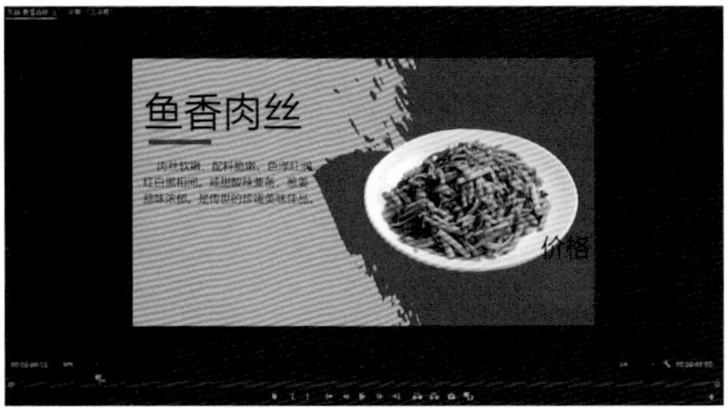

图7-80　更改后的文字效果

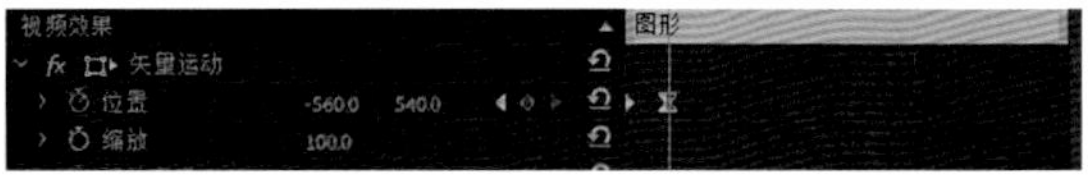

图7-81　“位置”关键帧的更改（一）

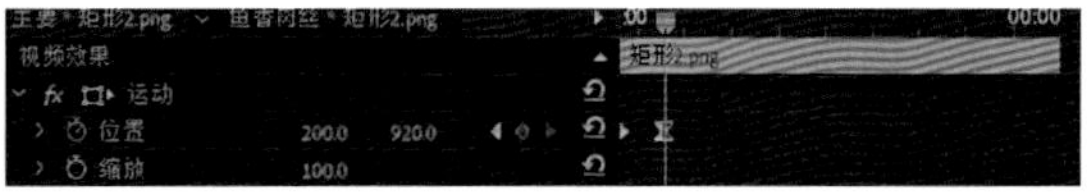

图7-82　“位置”关键帧的更改（二）

㊿ 将时间线切换到00:00:00:04帧处，单击选中视频11轨道中的“15元”文本，并找到“效果控件”面板，将“位置”属性更改为“-900.0　540.0”；将时间线切换到00:00:00:22帧处，将“位置”属性更改为“-540.0　540.0”。双击监视器窗口的“15元”文本，进入文本编辑模式后，将文本文字更改为“25元”，如图7-83所示。

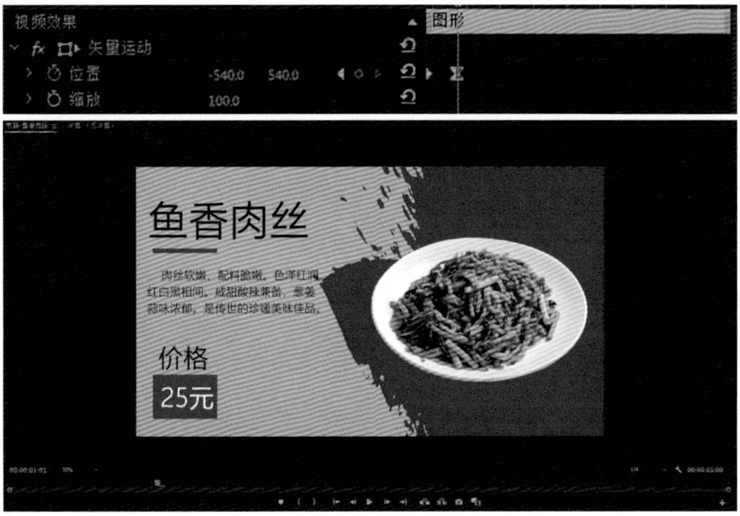

图7-83　文本更改与最终的嵌套效果

(51) 单击时间线上的“中国美食”嵌套，切换到“中国美食”嵌套，双击“糖醋里脊”嵌套，对糖醋里脊的嵌套进行内容的替换和动画的修改，如图7-84所示。

(52) 在“糖醋里脊”嵌套中，在项目窗口中选中“黑色笔刷3.png”素材，单击鼠标左键不放，将其拖拽至视频3轨道替换“黑色笔刷1.png”，并在“效果控件”面板中更改“运动”属性，“位置”属性值为“650.0　540.0”，如图7-85、图7-86所示。

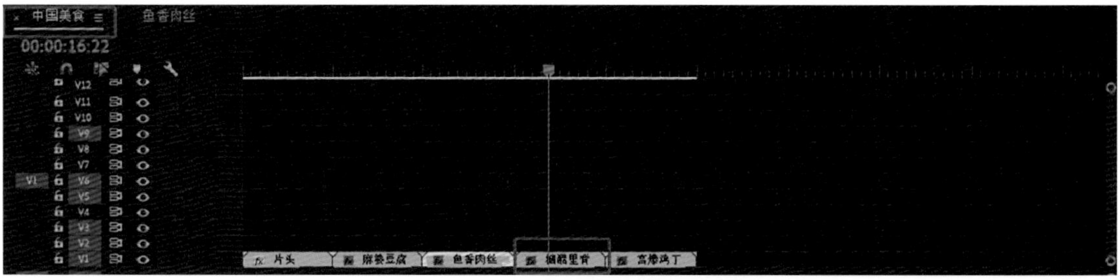

图7-84 对“糖醋里脊”嵌套进行修改

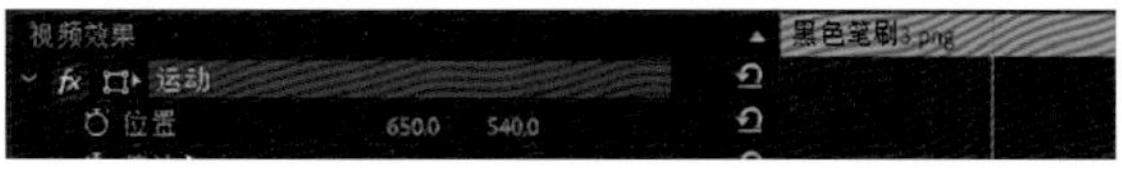

图7-85 “位置”属性的调节

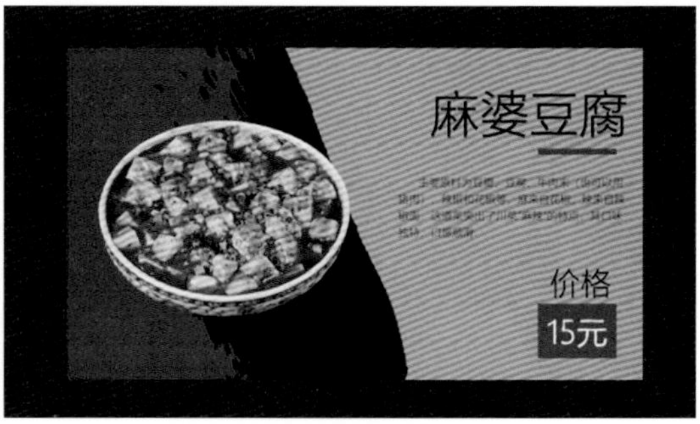

图7-86 黑色笔刷的位置

(53) 在“糖醋里脊”嵌套中，单击选中项目窗口中的“糖醋里脊.png”，按住鼠标左键不放，将其拖拽至视频5轨道，替换原有的“麻婆豆腐.png”素材，并找到“效果控件”面板，将“位置”属性更改为“535.0　540.0”，“缩放”值更改为“80.0”，如图7-87所示。

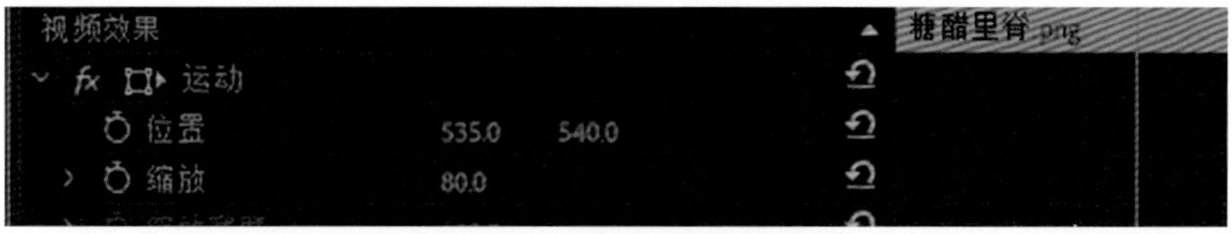

图7-87 “位置”属性的更改

(54) 在“糖醋里脊”嵌套中，将时间线切换到00:00:02:00帧处，双击进入监视器面板中的“麻婆豆腐”文本，将“麻婆豆腐”修改为“糖醋里脊”；双击进入监视器面板中的“主要原料为……”文本，将文本修改为“经典传统名菜之一，以猪里脊肉为主材，配以面粉、淀粉、醋等佐料，酸甜可口，让人食欲大开。在浙菜、鲁菜、川菜、淮扬菜、粤菜里均有此菜。”；双击进入监视器面板中的“15元”文本，将文本修改为“35元”，如图7-88、图7-89所示。

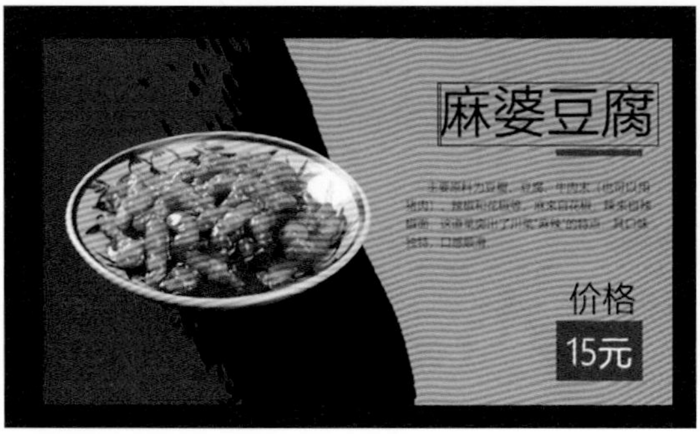

图7-88 文字修改

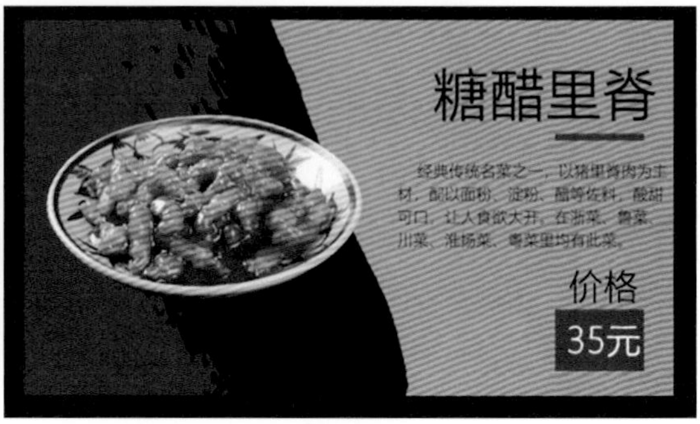

图7-89 “糖醋里脊”嵌套的最终效果

(55) 单击时间线上的“中国美食”嵌套，切换到“中国美食”嵌套，双击“宫爆鸡丁”嵌套，对“宫爆鸡丁”的嵌套进行内容的替换和动画的修改，如图7-90所示。

(56) 在“宫爆鸡丁”嵌套中，全选时间线面板上的所有素材，单击鼠标右键进行清除，或者按“Delete”键进行删除，如图7-91、图7-92所示。

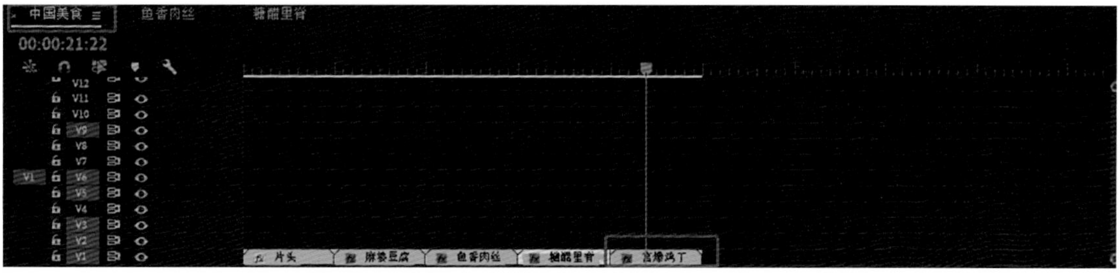

图7-90　进入“宫爆鸡丁”嵌套

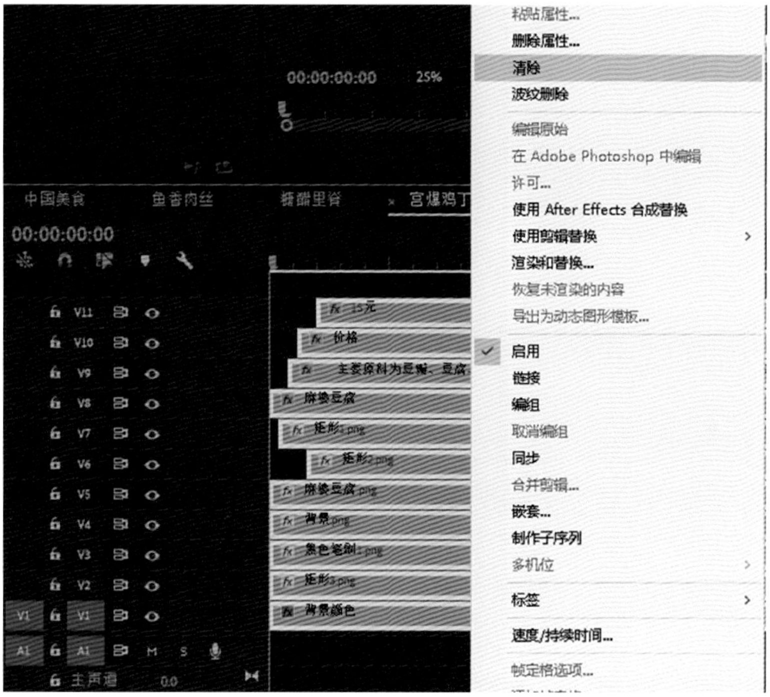

图7-91　删除嵌套里的素材

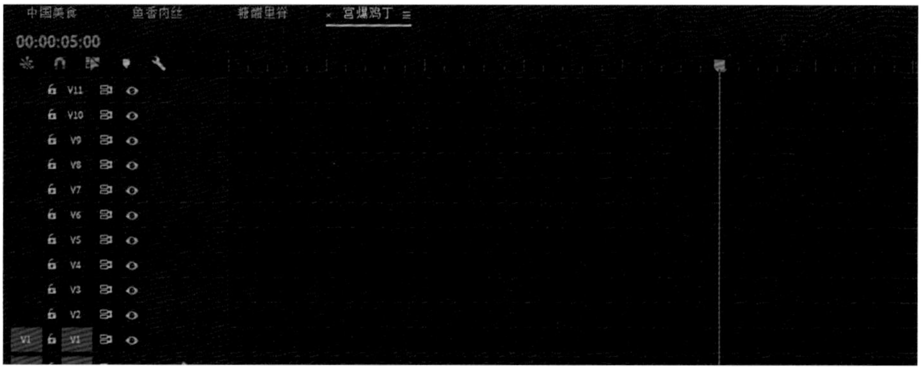

图7-92　清空嵌套里的素材

(57) 进入“鱼香肉丝”嵌套，全选时间线面板上的所有素材，按下组合键“Crtl+C”进行复制；在“宫爆鸡丁”嵌套中，将时间线切换到00:00:00:00处，按下组合键“Crtl+V”进行粘贴，如图7-93、图7-94所示。

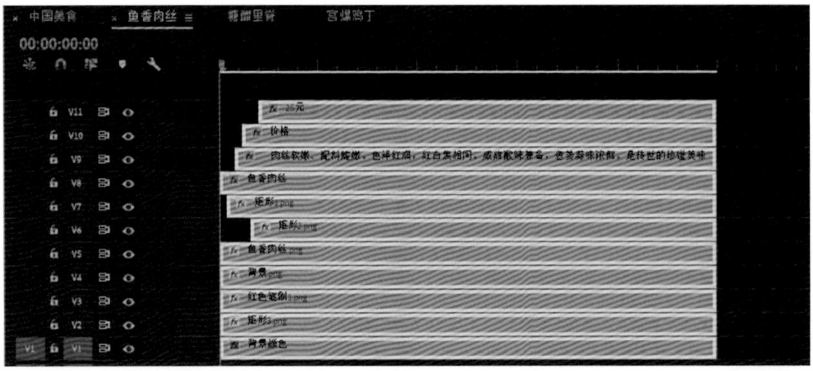

图7-93　复制“鱼香肉丝”嵌套全部素材

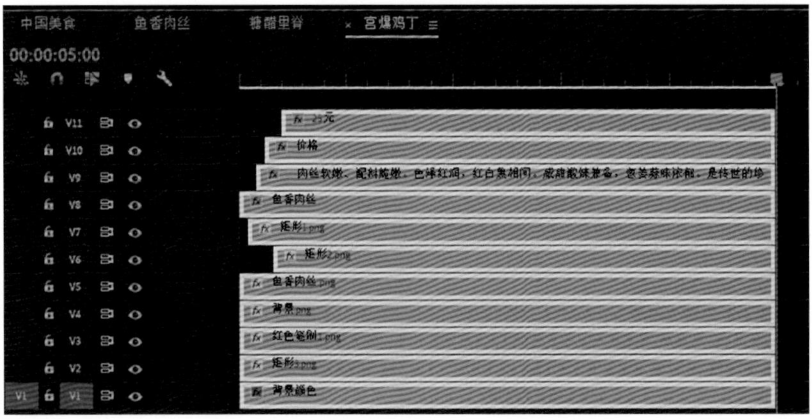

图7-94　粘贴“鱼香肉丝”嵌套全部素材

(58) 将时间线切换到00:00:02:00帧处，单击选中项目窗口中的“三角形.png”，将其拖拽至“宫爆鸡丁”嵌套中视频2轨道，替换原有的“矩形3.png”素材，并找到“效果控件”面板，将“位置”属性更改为“1560.0　450.0”，如图7-95、图7-96所示。

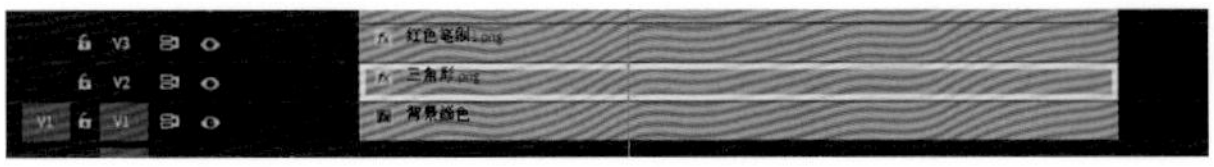

图7-95　替换素材

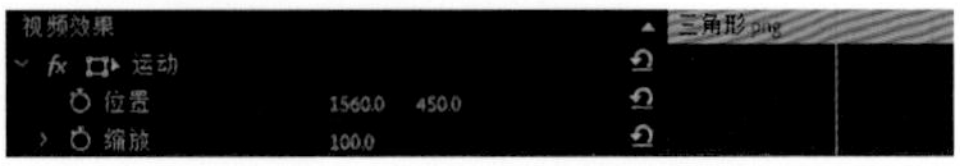

图7-96　“位置”属性的更改

(59) 单击选中项目窗口中的“黑色笔刷2.png”，将其拖拽至视频5轨道替换原有的“红色笔刷1.png”素材，并找到“效果控件”面板，将“位置”属性更改为“980.0　540.0”，如图7-97、图7-98所示。

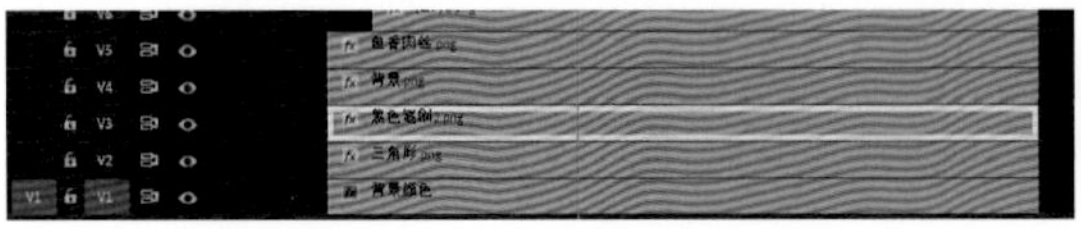

图7-97　时间线面板

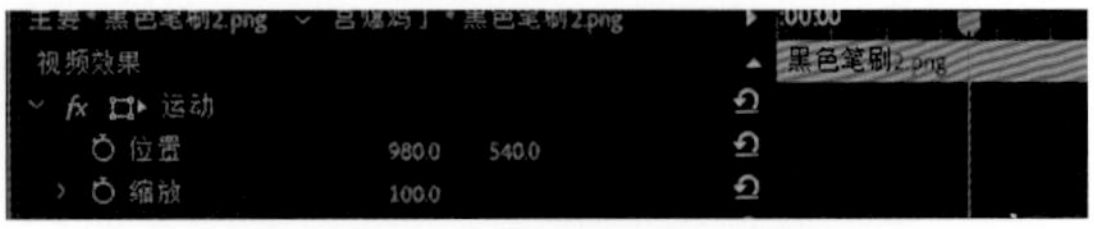

图7-98　“位置”属性的更改

(60) 单击选中项目窗口中的“宫爆鸡丁.png”，将其拖拽至视频5轨道替换原有的“鱼香肉丝.png”素材，并找到“效果控件”面板，将“位置”属性更改为“1400.0　540.0”，“缩放”值改为“80.0”，如图7-99、图7-100所示。

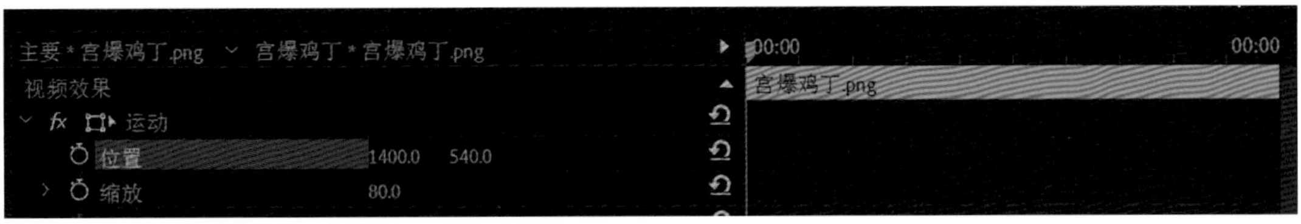

图7-99　“位置”属性的更改

(61) 在“宫爆鸡丁”嵌套中，双击进入监视器面板中的“鱼香肉丝“文本，将“鱼香肉丝”修改为“宫爆鸡丁”；双击进入监视器面板中的“肉丝软嫩、配料脆嫩……”文本，将文本修改为“选用鸡肉为主料，佐以花生米、黄瓜、辣椒等辅料烹制而成。红而不辣、辣而不猛、香辣味浓、肉质滑脆。由于其入口鲜辣，鸡肉的鲜嫩配合花生的香脆。”；双击进入监视器面板中的“25元”文本，将文本修改为“26元”，如图7-101、图7-102所示。

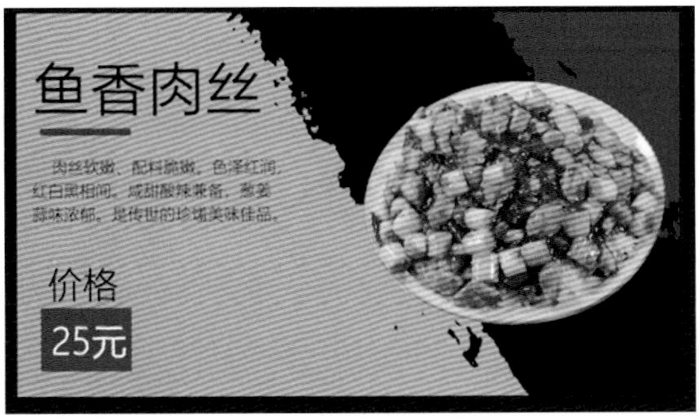

图7-100　替换图片后的效果

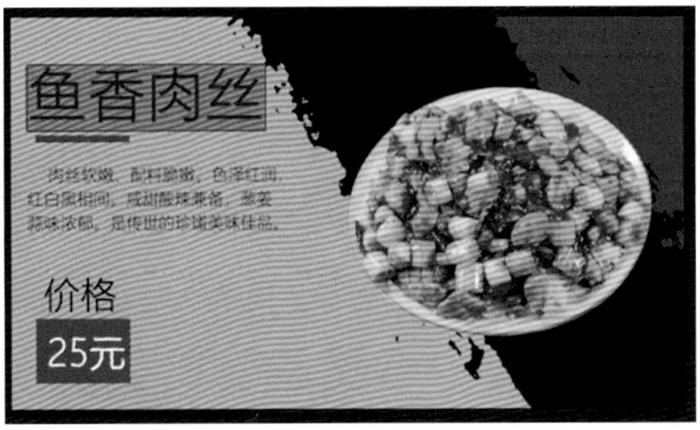

图7-101　文本修改

(62) 切换到“中国美食”序列，五个嵌套动画都已经做完，需要对五个嵌套进行转场动画的制作，如图7-103所示。

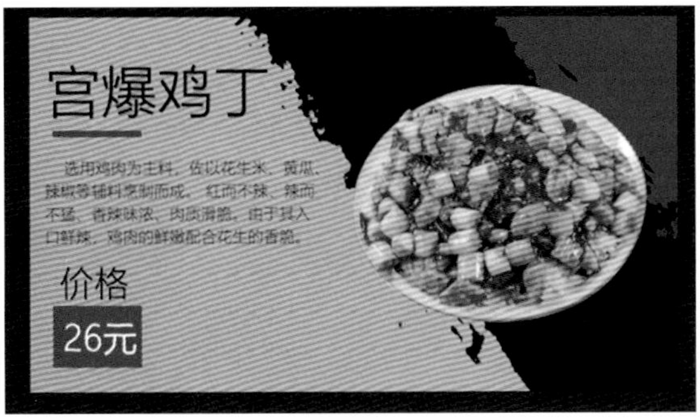

图7-102　“宫爆鸡丁”嵌套的最终效果

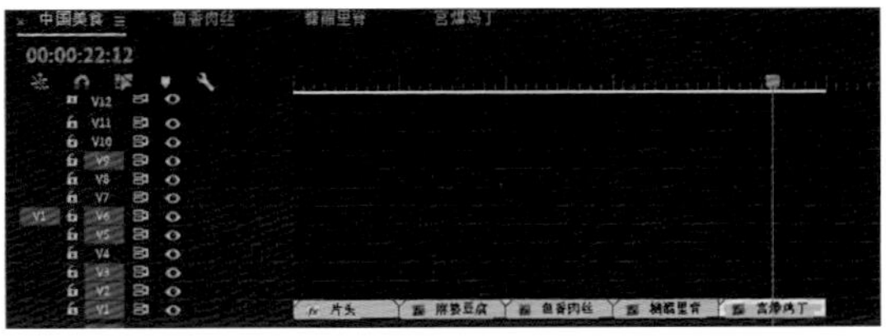

图7-103　“中国美食”嵌套里的所有素材

(63) 将时间线移动到00:00:05:00帧处，选中视频1轨道中的“麻婆豆腐”嵌套，在“效果控件”面板找到“运动”属性，为“运动”属性中的“缩放”添加关键帧，“缩放”值为“106.0”；将时间线移动到00:00:10:00帧处，“缩放”值改为“100.0”，如图7-104所示。

(64) 将时间线移动到00:00:10:00帧处，选中视频1轨道中的“鱼香肉丝”嵌套，在“效果控件”面板找到“运动”属性，为“运动”属性中的“缩放”添加关键帧，“缩放”值为“106.0”；将时间线移动到00:00:15:00帧处，“缩放”值改为“100.0”，如图7-105所示。

图7-104 "麻婆豆腐"嵌套的"缩放"关键帧设置　　图7-105 "鱼香肉丝"嵌套的"缩放"关键帧设置

⑥⑤ 将时间线移动到00:00:15:00帧处，选中视频1轨道中的"糖醋里脊"嵌套，在"效果控件"面板找到"运动"属性，为"运动"属性中的"缩放"添加关键帧，"缩放"值为"106.0"；将时间线移动到00:00:20:00帧处，"缩放"值改为"100.0"，如图7-106所示。

⑥⑥ 用同样的方法给"宫爆鸡丁"嵌套的"缩放"属性做关键帧动画，如图7-107所示。

图7-106 "糖醋里脊"嵌套的"缩放"关键帧设置　　图7-107 "宫爆鸡丁"嵌套的"缩放"关键帧设置

⑥⑦ 这样为每一个嵌套做一个缩放动画，虽然增加了动画的丰富性，但是嵌套和嵌套之间的过渡较为生硬，需要在嵌套之间增加转场。

⑥⑧ 找到"效果"窗口中的"视频过渡"→"滑动"→"推"，单击选中"推"效果，将其拖拽到"片头"嵌套和"麻婆豆腐"嵌套之间，作为两个嵌套的转场，在弹出的"过渡"对话框中单击"确定"按钮，如图7-108～图7-110所示。

图7-108 "推"　　图7-109 两个嵌套之间添加"推"转场　　图7-110 转场视频效果
　　　特效　　　　　　　　　特效

⑥⑨ 找到"效果"窗口中的"视频过渡"→"滑动"→"推"，单击选中"推"效果，将其拖拽到"麻婆豆腐"嵌套和"鱼香肉丝"嵌套之间，在弹出的"过渡"对话框中单击"确定"按钮，如图7-111所示。

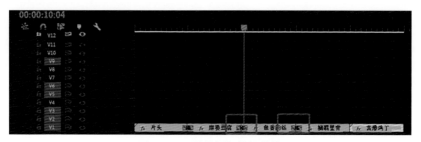

图7-111 继续添加转场特效

⑦⓪ 找到"效果"窗口中的"视频过渡"→"溶解"→"交叉溶解"，单击选中"交叉溶解"效果，将其拖拽到"糖醋里脊"嵌套和"宫爆鸡丁"嵌套之间，如图7-112、图7-113所示。

㉗ 找到"效果"窗口中的"视频过渡"→"溶解"→"黑场过渡",单击选中"黑场过渡"效果,将其拖拽到"宫爆鸡丁"嵌套结尾处,如图7-114所示。

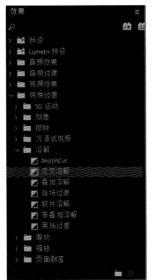

图7-113　添加"交叉溶解"特效

图7-112　"交叉溶解"特效

图7-114　"黑场过渡"特效

㉘ 将项目面板中的"中国美食背景音乐.mp3"素材拖拽到"中国美食"序列音频1轨道,如图7-115所示。

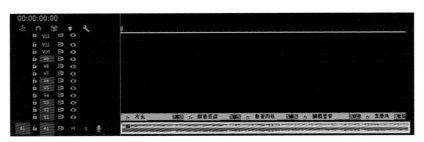

图7-115　添加背景音乐

㉙ 找到"效果"窗口中的"音频过渡"→"交叉淡化"→"指数淡化",单击选中"指数淡化"效果,将其拖拽到"中国美食背景音乐.mp3"结尾处,如图7-116、图7-117所示。

图7-116　"指数淡化"
特效

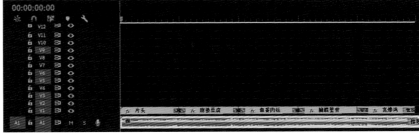

图7-117　增加"指数淡化"效果

㉚ 确认"时间线"面板为激活状态,然后选择"文件"→"导出"→"媒体"菜单,在打开的"导出设置"对话框中将"格式"改为"H.264",在"输出名称"选项处设置输出路径和输出文件的名称,单击"导出"按钮,如图7-118所示。

图7-118   导出视频

7.2   汽车广告——《雷克萨斯汽车》

7.2.1   效果赏析

本案例效果如图7-119所示。

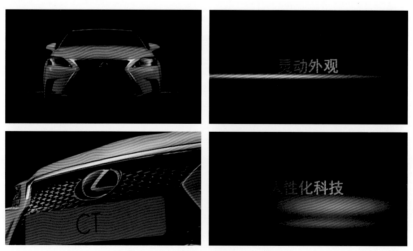

图7-119 《雷克萨斯汽车》片头

7.2.2   知识节点

核心知识点1：通过"色调"特效与文字"缩放"参数的调节，实现文字的立体效果。

核心知识点2：使用"轨道遮罩键"对渐变色彩图片与文字进行叠加，使文字产生渐变色彩效果。

核心知识点3：通过"斜面Alpha"特效实现文字的立体效果。

核心知识点4："字幕模糊"效果与字幕震动动画的使用和调整。

7.2.3 案例素材

本案例所使用的素材如图7-120所示。

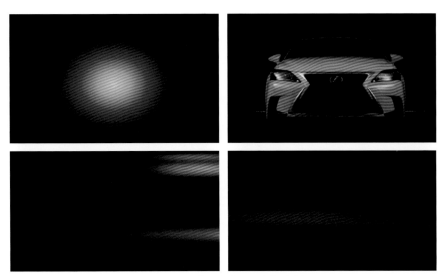

图7-120 《雷克萨斯汽车》素材

7.2.4 案例实战

① 启动Premiere Pro CC 2019，并创建一个新项目，在"新建项目"窗口中将项目名称设置为"雷克萨斯汽车广告"并更改存储位置，如图7-121所示。

② 打开"新建序列"对话框，将"设置"的编辑模式改为"自定义"，时基改为"25.00帧/秒"，帧大小改为"1920×1080"，像素长宽比改为"方形像素（1.0）"，场改为"无场（逐行扫描）"。然后单击"确定"按钮，完成项目文件初始化设定，并进入Premiere Pro CC 2019的工作界面，如图7-122所示。

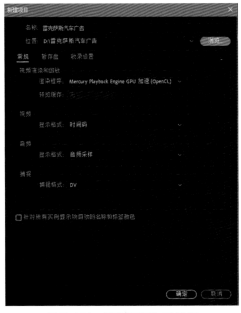

图7-121 "新建项目"对话框   图7-122 "新建序列"对话框

③ 双击项目面板或按下组合键"Ctrl+I"打开"导入素材"对话框，在弹出的对话框中选中光盘素材7章7.2《雷克萨斯汽车》文件夹下的所有素材文件，然后单击"打开"按钮导入选中的素材，如图7-123所示。

④ 首先确认当前时间线标记在00∶00∶00:00帧位置，在菜单栏中选择"文件"→"新建"→"旧版标题"，打开"新建字幕"对话框，时基改为"25.00fps"，名称命名为"字幕01"，单击"确认"按钮，如图7-124所示。

从新建的字幕对话面板中，输入"雷克萨斯"几个汉字，字体为"黑体"，字体大小为"118"，如图7-125所示。

图7-123　素材导入

图7-124　新建旧版字幕

图7-125　输入字幕

⑤ 在软件右方找到"旧版标题动作"，选择"中心对齐"，把文字对齐到画面中心位置，如图7-126所示。

⑥ 找到视频1轨道中的"字幕1"，拖拽"字幕1"延长至00:00:08:00帧处，如图7-127所示。

⑦ 选中视频1轨道中的字幕素材，单击鼠标右键选择"嵌套"，将其命名为"文字1"，如图7-128所示。

图7-126　旧版标题动作

图7-127　延长字幕素材

⑧ 找到"效果"窗口中的"视频效果"→"颜色校正"→"色调",单击选中"色调"效果将其拖拽给视频1轨道中的"文字1",如图7-129所示。

⑨ 选中"文字1"字幕,找到"效果控件"面板,将"运动"中的"缩放"更改为"98.0";找到"色调"下拉面板中的"将白色映射到",单击白色图标,弹出"拾色器"对话框,将RGB更改颜色为"82、104、130",如图7-130～图7-132所示。

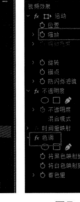

图7-128 嵌套名称　　　图7-129 "色调"效果　　　图7-130 色调调整

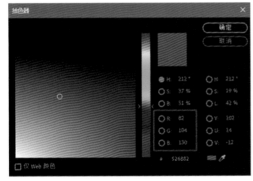

图7-131 颜色设置　　　　　　图7-132 文字效果

⑩ 在时间线面板空白处,单击鼠标右键添加轨道,弹出"添加轨道"窗口,在视频轨道下方添加7条视频轨道,单击"确认"按钮,如图7-133所示。

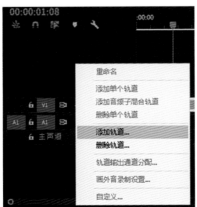

图7-133 添加轨道

⑪ 选中视频1轨道中的"文字1"嵌套，按下组合键"Ctrl+C"，然后单击选中视频2轨道，按下快捷键"Ctrl+V"，复制一个"文字1"嵌套，如图7-134所示。

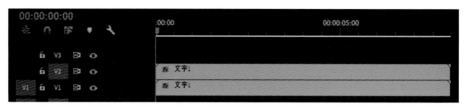

图7-134　文字嵌套复制

选中视频2轨道的"文字1"嵌套，找到"效果控件"面板，将"运动"中的"缩放"更改为"99.0"；找到"色调"下拉面板中的"将白色映射到"，单击白色图标，弹出"拾色器"对话框，将RGB颜色更改为"32、43、56"，这样可以给文字做出来一些立体效果，如图7-135 ~ 图7-137所示。

图7-135　"缩放"和"色调"调整

图7-136　颜色设置

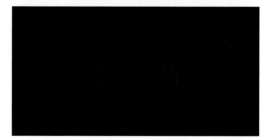

图7-137　文字效果

⑫ 找到项目面板中的"text_gradient.png"文件，单击选中将其拖拽到视频3轨道，并延长项目至00:00:08:00帧处，与文字1嵌套对齐，如图7-138、图7-139所示。

⑬ 单击选中视频3轨道中的"text_gradient.png"素材，在"效果"面板中，找到"运动"特效，并将"位置"属性值更改为"1170.0　540.0"，使素材向右侧偏移一些，如图7-140所示。

⑭ 选中视频3轨道中的"text_gradient.png"素材，单击鼠标右键选择"嵌套"，并将嵌套名字更改为"蓝色渐变"，如图7-141、图7-142所示。

⑮ 选中视频1轨道中的"文字1"嵌套，按下组合键"Ctrl+C"，然后单击选中视频4轨道，按下快捷键"Ctrl+V"复制一个"文字1"嵌套，并把视频4轨道中的"文字1"嵌套的"色调"特效删除，如图7-143所示。

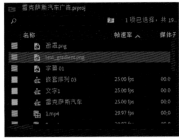

图7-138 文件素材

图7-140 "位置"参数

图7-139 素材排列位置

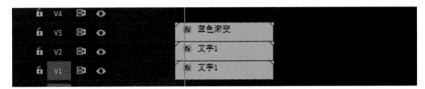

图7-141 新建嵌套

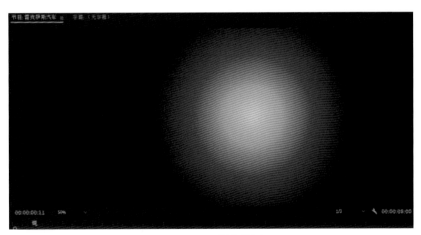

图7-142 嵌套效果

图7-143 复制文字嵌套

⑯ 找到"效果"窗口中的"视频效果"→"键控"→"轨道遮罩键",单击选中"轨道遮罩键"效果,按住鼠标左键不放,将其拖拽给视频3轨道中的"蓝色渐变",如图7-144所示。

找到"效果控件"面板,将"运动"的"缩放"数值改为"100.0",然后单击"轨道遮罩键"效果,将"遮罩"更改为"视频4",如图7-145、图7-146所示。

图7-144　"轨道遮罩键"效果　　　　图7-145　"轨道遮罩键"　　　　图7-146　文字效果
　　　　　　　　　　　　　　　　　　　　　　参数设置

⑰ 选中视频1轨道中的"文字"1嵌套，按下组合键"Ctrl+C"，然后单击选中视频5轨道，按下快捷键"Ctrl+V"复制一个"文字1"嵌套，如图7-147所示。

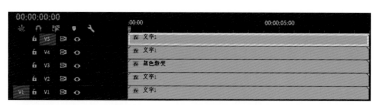

图7-147　继续复制文字嵌套

⑱ 找到视频5轨道中"文字1"嵌套的"效果"面板，将"运动"属性的"缩放"数值改为"100.0"，"不透明度"数值改为"20.0%"，"将白色映射到"数值改为"0、0、0"，变为纯黑色，如图7-148所示。

⑲ 找到"效果"窗口中的"视频效果"→"透视"→"斜面Alpha"，单击选中"斜面Alpha"效果，将其拖拽给视频5轨道中的"文字1"嵌套，如图7-149所示。

图7-148　文字嵌套的　　　　　图7-149　"斜面Alpha"效果
　　　　　效果设置

⑳ 找到"效果控件"面板，将"斜面Alpha"的"边缘厚度"改为"3.00"，"光照角度"改为"176.0"，"光照强度"改为"1.00"，加上"斜面Alpha"后，整个字的立体效果变得更强了，如图7-150、图7-151所示。

图7-150 "斜面Alpha"属性的更改   图7-151 文字效果

㉑ 选中视频5轨道的"文字1"嵌套，按下组合键"Ctrl+C"，然后单击选中视频6轨道，按下快捷键"Ctrl+V"复制"文字1"嵌套，并更改视频6轨道中"文字1"嵌套的"斜面Alpha"数值，"边缘厚度"为"3.00"，"光照角度"改为"-60.0°"，"光照强度"改为"0.50"，给立体字加一些反光，如图7-152、图7-153所示。

图7-152 "斜面Alpha"参数设置   图7-153 文字效果

㉒ 选中时间线面板中的视频1轨道至视频6轨道的所有素材，单击鼠标右键选择"嵌套"，在弹出的"嵌套"对话框中命名为"雷克萨斯1"，将所有的素材都嵌套到一个文件中，方便后面为文字做动画，如图7-154、图7-155所示。

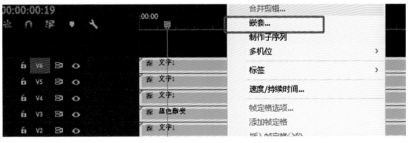

图7-154 设置嵌套

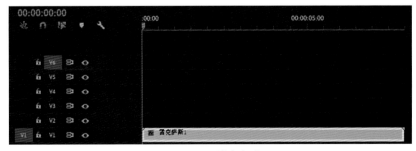

图7-155 嵌套完成

㉓ 将"雷克萨斯1"嵌套移动到视频6轨道。

㉔ 将项目面板中的"BG_flash.mov"拖拽到视频1轨道，并在"效果控件"面板中将"不

透明度"数值更改为"60.0%",如图7-156所示。

图7-156　拖拽"BG_flash.mov"素材

㉕ 将项目面板中的"BG_lights_blue.mov"拖拽到视频2轨道,并在"效果控件"面板中找到"不透明度"特效,在"不透明度"特效下拉列表中将"混合模式"更改为"滤色",如图7-157、图7-158所示。

图7-157　拖拽"BG_lights_blue.mov"素材　　图7-158　混合模式的更改

㉖ 将项目面板中的"BG_lights_red.mov"拖拽到视频3轨道,并在"效果控件"面板中找到"不透明度"特效,在"不透明度"特效下拉列表中将"混合模式"更改为"滤色",如图7-159、图7-160所示。

㉗ 将项目面板中的"particles.mov"拖拽到视频4轨道,并在效果控件面板中找到"不透明度"特效,在"不透明度"特效下拉列表中将"混合模式"更改为"滤色",如图7-161所示。

㉘ 将项目面板中的"字幕01"拖拽到视频5轨道,并选中"字幕01",单击鼠标右键制作嵌套,将嵌套名字更改为"文字模糊",如图7-162、图7-163所示。

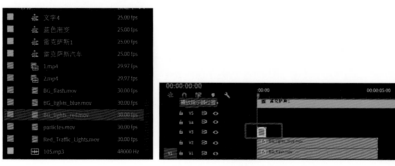

图7-159　选中视频3轨道中的素材

㉙ 找到"效果"窗口中的"视频效果"→"颜色校正"→"色调"特效,单击"色调"效果,将其拖拽给视频5轨道中的"文字模糊"嵌套;同样,找到"视频效果"→"过时"→"快

图7-160 混合模式的更改

图7-161 拖拽 "particles.mov" 素材

图7-162 找到 "字幕01" 素材

图7-163 命名为 "文字模糊" 嵌套

速模糊"特效,将其拖拽两次给视频5轨道中的"文字模糊"嵌套。这样"文字模糊"嵌套一共有三个特效,如图7-164所示。

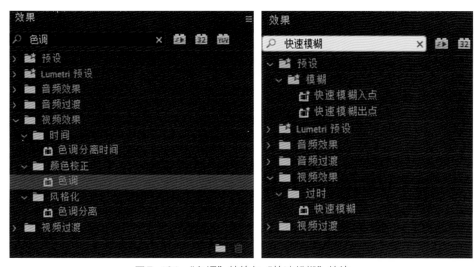

图7-164 "色调"特效与"快速模糊"特效

㉚ 在视频5轨道中,选中"文字模糊"嵌套,在"效果控件"面板中找到"色调"下拉面板中的"将白色映射到",单击白色图标,弹出"拾色器"对话框,将RGB颜色更改为"11、62、90",如图7-165、图7-166所示。

㉛ 找到"效果控件"面板中的第一个"快速模糊"属性,将"模糊维度"改为"垂直","模糊度"改为"100.0";在第二个"快速模糊"属性中,将"模糊维度"改为"水平","模糊度"改为"260.0",如图7-167、图7-168所示。

图7-165 色调设置

图7-166 颜色设置

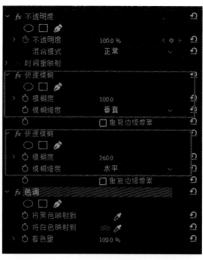

图7-167 两个"快速模糊"参数调整

图7-168 文字效果

㉜ 将项目面板中的"Red_Traffic_Lights.mov"拖拽到视频7轨道，并在"效果控件"面板中找到"不透明度"特效，在"不透明度"特效下拉列表中将混合模式更改为"滤色"。整个时间线面板的排列如图7-169所示。然后给文字进行动画制作，最终静态文字效果如图7-170所示。

图7-169 时间线面板的素材排列

㉝ 选择视频6轨道中的"雷克萨斯1"文字嵌套，在"效果控件"面板里找到"运动"属性下的"缩放"数值，在00:00:00:00帧处为"缩放"添加关键帧，"缩放"数值为"3000.0"；将时间线移动到00:00:00:05帧处，"缩放"数值为"100.0"；将时间线移动到00:00:05:00帧处，"缩放"数值为"105.0"。至此，为文字添加了三个"缩放"关键帧，如图7-171所示。

图7-170 最终静态文字效果

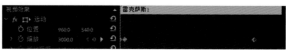

图7-171 "缩放"关键帧设置

㉞ 选择视频6轨道中的"雷克萨斯1"文字嵌套，在"效果控件"面板里找到"运动"属性值，在00:00:00:00帧处为"位置"添加关键帧，"位置"数值为"921.0 551.0"；将时间线移动到00:00:00:04帧处，"位置"数值为"960.0 540.0"；将时间线移动到00:00:00:08帧处，"位置"数值为"921.0 551.0"；将时间线移动到00:00:00:12帧处，"位置"数值为"960.0 540.0"。按照两帧的递进顺序，添加到00:00:00:18帧处，为文字添加"抖动"效果，如图7-172所示。

㉟ 选择视频5轨道中的"文字模糊"嵌套，在"效果控件"面板里找到"不透明度"属性，在00:00:00:00帧处为"不透明度"添加关键帧，"不透明度"数值为"0.0%"；将时间线移动到00:00:00:05帧处，"不透明度"数值为"100.0%"，如图7-173所示。

图7-172 "位置"关键帧设置　　　　　图7-173 "不透明度"关键帧设置

㊱ 全选时间线面板中视频1~6轨道的所有素材，单击鼠标右键，选择"嵌套"，在弹出的"嵌套序列名称"对话框中，将嵌套更改为"宣传文字1"，如图7-174、图7-175所示。

㊲ 按照同样的方法制作宣传文字2"灵动外观"，宣传文字3"人性化科技"，宣传文字4"速度与安全并存"，这样我们就得到了四个宣传文字，如图7-176、图7-177所示。

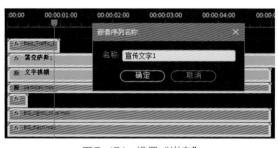

图7-174 设置"嵌套"

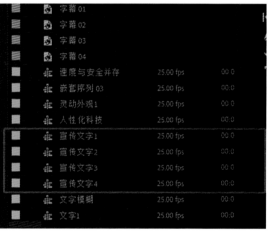

图7-175 嵌套完成　　　　　图7-176 制作好的四个宣传文字嵌套

㊳ 选中视频1轨道中的"宣传文字1"嵌套，在00:00:03:00帧处进行裁剪，只选取前三秒的文件素材，如图7-178所示。

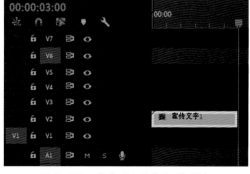

图7-177 四个宣传文字的效果　　　　　图7-178 裁剪"宣传文字1"嵌套

㉟ 找到项目面板中的"1.mp4"视频文件，单击选中并按住鼠标左键不放，将其拖拽到视频1轨道，并将视频入点对齐到00:00:02:20帧处，如图7-179所示。

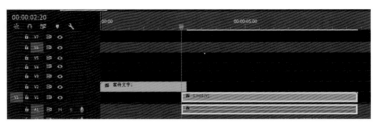

图7-179　拖拽视频素材

㊵ 找到项目面板中的"宣传文字2"嵌套，单击选中并按住鼠标左键不放，将其拖拽到视频2轨道，并将视频入点对齐到00:00:08:18帧处，如图7-180所示。

图7-180　对齐素材位置（宣传文字2）

㊶ 找到项目面板中的"2.mp4"视频文件，单击选中并按住鼠标左键不放，将其拖拽到视频1轨道，并将视频入点对齐到00:00:11:14帧处，如图7-181所示。

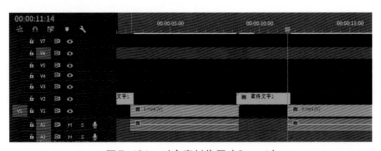

图7-181　对齐素材位置（2.mp4）

㊷ 找到项目面板中的"宣传文字3"嵌套，单击选中并按住鼠标左键不放，将其拖拽到视频2轨道，并将视频入点对齐到00:00:16:06帧处，如图7-182所示。

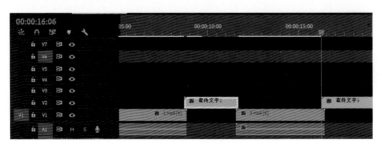

图7-182　对齐素材位置（宣传文字3）

㊸ 找到项目面板中的"3.mp4"视频文件,单击选中并按住鼠标左键不放,将其拖拽到视频1轨道,并将视频入点对齐到00:00:19:01帧处,如图7-183所示。

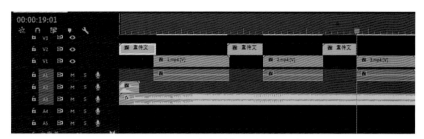

图7-183　对齐素材位置(3.mp4)

㊹ 找到项目面板中的"宣传文字4"嵌套,单击选中并按住鼠标左键不放,将其拖拽到视频2轨道,并将视频入点对齐到00:00:23:21帧处,如图7-184所示。

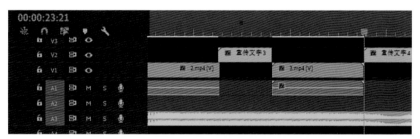

图7-184　对齐素材位置(宣传文字4)

㊺ 找到项目面板中的"4.mp4"视频文件,单击选中并按住鼠标左键不放,将其拖拽到视频1轨道,并将视频入点对齐到00:00:26:10帧处,如图7-185所示。

图7-185　对齐素材位置(4.mp4)

㊻ 所有的素材都按照规定的顺序和时间排列到时间线面板中以后,需要对视频添加音效和背景音乐。

㊼ 找到项目面板中的"105.mp3"音效文件,单击选中并按住鼠标左键不放,将其拖拽到音频1轨道,并将视频入点对齐到00:00:00:00帧处,如图7-186所示。

㊽ 找到项目面板中的"背景音乐.mp3"音频文件,单击选中并按住鼠标左键不放,将其拖拽到音频2轨道,并将视频入点对齐到00:00:00:00帧处,如图7-187所示。

图7-186　添加音效

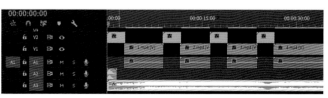

图7-187　添加背景音乐

㊹ 将时间线移动到00:00:34:22帧处，选择工具面板中的"剃刀工具"，对多余的音频进行裁剪并删除，如图7-188所示。

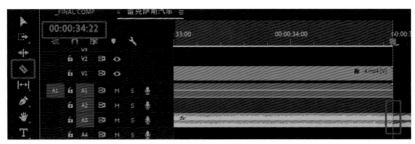

图7-188 裁剪多余音频素材

㊿ 选择音频1轨道中的"背景音乐.mp3"素材，找到"效果控件"面板下的"音量"→"级别"选项，在 00:00:34:00处，添加一个关键帧，"级别"数值为"0.0dB"，在00:00:34:22帧处，添加一个关键帧，"级别"数值为"-50.00dB"，为音效做一个淡出效果，如图7-189所示。

图7-189 音频的淡入淡出

㉛ 确认"时间线"面板为激活状态，然后选择"文件"→"导出"→"媒体"菜单，在打开的"导出设置"对话框中将"格式"改为"H.264"，在"输出名称"选项处设置输出路径和输出文件的名称，单击"导出"按钮，如图7-190所示。

图7-190 文件视频

第8章

网络宣传视频制作

随着网络时代的来临，网游、网剧、网购等与互联网息息相关的生活方式与内容增加了我们生活的趣味性，让我们更便捷地去享受生活。网络宣传视频作为互联网时代的新产物，具有时效性强、时间短、内容丰富、抓人眼球的特点，与影视广告相比，其在内容和形式上更灵活和新颖，也是我们以后学习最多的一种视频制作风格。

下页以网络购物广告——《网络购物平台》为例介绍网络宣传视频的制作。

8.1 效果赏析

本案例效果如图8-1所示。

图8-1 《网络购物平台》片头

8.2 知识节点

核心知识点1："颜色遮罩键"的使用和设置。
核心知识点2：更改"嵌套"序列的大小和尺寸。
核心知识点3：关键帧中"贝塞尔曲线"的使用。
核心知识点4：钢笔工具的使用以及绘制"蒙版"。

8.3 案例素材

本案例所使用的素材如图8-2所示。

图8-2　《网络购物平台》素材

8.4　案例实战

① 启动 Premiere Pro CC 2019，并创建一个新项目，在"新建项目"窗口中将项目名称设置为"网络购物平台"并更改存储位置，如图8-3所示。

② 打开"新建序列"对话框，将"设置"的编辑模式改为"自定义"，时基改为"25.00帧/秒"，帧大小改为"1920×1080"，像素长宽比改为"方形像素（1.0）"，场改为"无场（逐行扫描）"。然后单击"确定"按钮，完成项目文件初始化设定，并进入 Premiere Pro CC 2019的工作界面，如图8-4所示。

③ 双击项目面板或按下组合键"Ctrl+I"打开"导入素材"对话框，在弹出的对话框中选中光盘素材第8章《网络购物平台》文件夹下的所有素材，然后单击"打开"按钮导入选中的素材。

图8-3　"新建项目"对话框　　　　　图8-4　"新建序列"对话框

④ 单击项目窗口下的"新建项"按钮，选择新建"颜色遮罩"，在弹出的"新建颜色遮罩"对话框中单击"确定"按钮，并在弹出的"拾色器"对话框中，将颜色RGB值更改为"255、255、255"，遮罩名称改为"白色背景"，如图8-5、图8-6所示。

图8-5　新建"颜色遮罩"

⑤ 在时间线面板空白处，单击鼠标右键添加轨道，弹出"添加轨道"窗口，在视频轨道下方添加5条视频轨道，单击"确定"按钮，如图8-7所示。

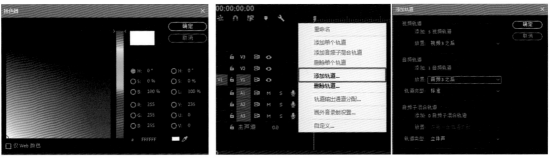

图8-6　遮罩颜色设置　　　　　　　　　　图8-7　添加轨道

⑥ 单击项目窗口下的"新建项"按钮，选择新建"颜色遮罩"，在弹出的"新建颜色遮罩"对话框中单击"确定"按钮，并在弹出的"拾色器"对话框中，将颜色RGB值更改为"255、190、0"，遮罩名称改为"黄色背景"，如图8-8、图8-9所示。

图8-8　新建"黄色遮罩"

利用同样的方法，新建"颜色遮罩"，将RGB值更改为"255、0、0"，并把遮罩名称改为"红色背景"，如图8-10所示。

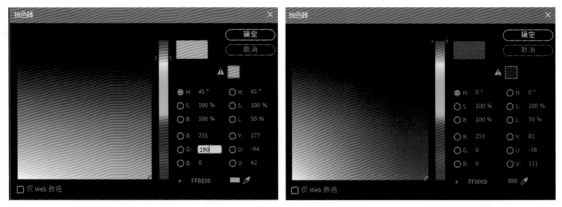

图8-9 遮罩颜色设置（黄色背景）　　　　图8-10 遮罩颜色设置（红色背景）

⑦ 将时间线移动到00:00:00:00帧处，选中项目窗口中刚刚建立的"黄色背景"遮罩，单击鼠标左键不放，将其拖拽到视频3轨道；选中项目窗口中刚刚建立的"白色背景"遮罩，单击鼠标左键不放，将其拖拽到视频2轨道；选中项目窗口中刚刚建立的"红色颜色"遮罩，单击鼠标左键不放，将其拖拽到视频1轨道，如图8-11所示。

图8-11 视频轨道上的素材排列

⑧ 选中视频1～3轨道中的素材，单击鼠标右键，选择新建"嵌套"，并把嵌套名称改为"遮罩动画1"，如图8-12、图8-13所示。

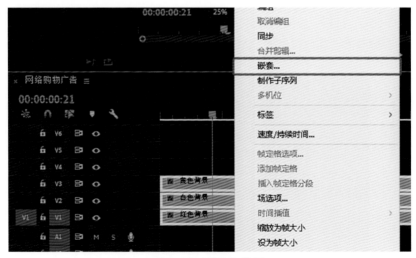

图8-12 "嵌套"效果

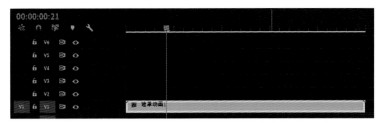

图8-13　视频轨道

⑨ 在项目面板中，选中"遮罩动画1"嵌套，单击鼠标右键，选择"序列设置"，在弹出的"序列设置"对话框中将"帧大小"改为"1080×1080"，可以看到监视器窗口中的"遮罩动画1"嵌套已经变成正方形，如图8-14 ～图8-16所示。

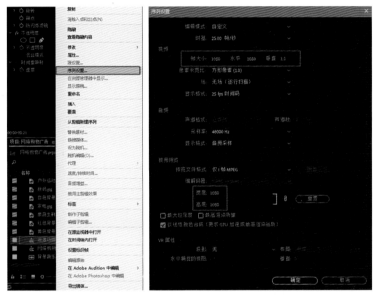

图8-14　更改"序列设置"　　　　　　图8-15　序列参数设置

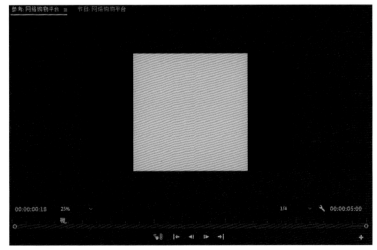

图8-16　序列效果

⑩ 双击"遮罩动画1"嵌套，进入嵌套后需要对三个颜色遮罩做擦除动画。

⑪ 找到"效果"窗口中的"视频效果"→"过渡"→"线性擦除"，单击选中"线性擦除"效果，将其拖拽给视频3轨道的"黄色背景"颜色遮罩，如图8-17、图8-18所示。

图8-17　"线性擦除"效果

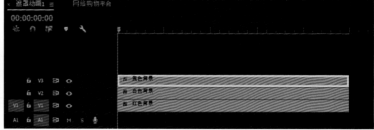

图8-18　拖拽给"黄色背景"颜色遮罩

⑫ 将时间线移动到00:00:00:15帧处，单击选择视频3轨道中的"黄色背景"颜色遮罩，在"效果控件"面板找到"线性擦除"属性，将"擦除角度"改为"-90.0°"，"过渡完成"改为"100.0%"；将时间线移动到00:00:01:18帧处，将"过渡完成"改为"0%"，如图8-19、图8-20所示。

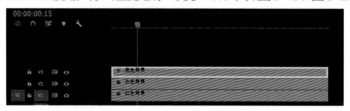

图8-19　时间线移动到15帧处

图8-20　"线性擦除"参数设置

⑬ 选中"黄色背景"颜色遮罩的两个"过渡完成"关键帧，单击鼠标右键，选择"贝塞尔曲线"，使"线性擦除"的过渡更圆滑，如图8-21、图8-22所示。

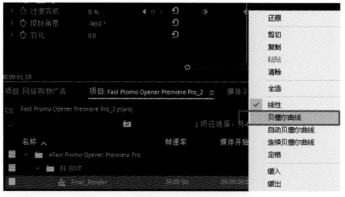

图8-21　关键帧的"贝塞尔曲线"设置

图8-22　"贝塞尔曲线"设置完成后

⑭ 找到"效果"窗口中的"视频效果"→"过渡"→"线性擦除",单击选中"线性擦除"效果,将其拖拽给视频 2 轨道的"白色背景"颜色遮罩。

⑮ 将时间线移动到 00:00:00:14 帧处,单击选择视频 2 轨道中的"白色背景"颜色遮罩,在"效果控件"面板找到"线性擦除"属性,将"擦除角度"改为"-90.0°","过渡完成"改为"100%";将时间线移动到 00:00:01:18 帧处,将"过渡完成"改为"0%",如图 8-23、图 8-24 所示。

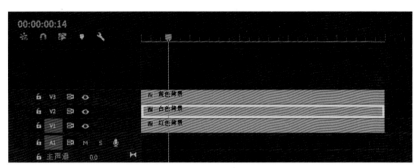

图 8-23　时间线移动到 14 帧处

图 8-24　"线性擦除"参数设置

⑯ 选中"白色背景"颜色遮罩的两个"过渡完成"关键帧,单击鼠标右键,选择"贝塞尔曲线",使"线性擦除"的过渡更圆滑,如图 8-25、图 8-26 所示。

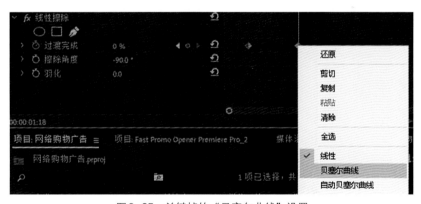

图 8-25　关键帧的"贝塞尔曲线"设置

图 8-26　"贝塞尔曲线"设置完成后

⑰ 找到"效果"窗口中的"视频效果"→"过渡"→"线性擦除",单击选中"线性擦除"效果,将其拖拽给视频 1 轨道中的"红色背景"颜色遮罩。

⑱ 将时间线移动到00:00:00:13帧处，单击选择视频1轨道中的"红色背景"颜色遮罩，在"效果控件"面板找到"线性擦除"属性，将"擦除角度"改为"-90.0°"，"过渡完成"改为"100%"；将时间线移动到00:00:01:18帧处，将"过渡完成"改为"0%"，并更改关键帧属性为"贝塞尔曲线"，如图8-27、图8-28所示。

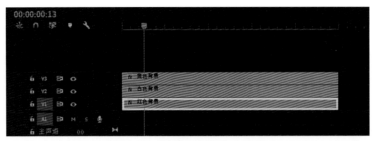

图8-27 时间线移动到13帧处

图8-28 "贝塞尔曲线"设置完成后

⑲ 选中视频1～3轨道中的素材，单击鼠标右键，选择新建"嵌套"，并把嵌套名称改为"红白黄"，如图8-29、图8-30所示。

图8-29 嵌套设置

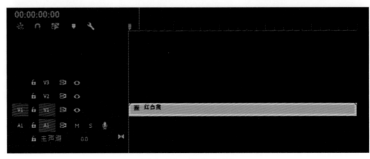

图8-30 视频轨道

⑳ 选中工具面板中的文字工具"T"，在节目监视器画面的右侧偏上位置输入"网络购物平台"几个文字，如图8-31所示。

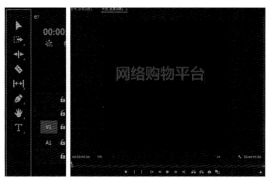

图8-31　输入文字

㉑ 单击鼠标右键全选"网络购物平台"几个文字，找到文字的特效控制台，更改文字属性。字体改为"Microsoft YaHei"，字体大小改为"130"，文字加粗，字体样式改为"Bold"，填充颜色改为"红色"，RGB值改为"255、0、0"，"变换"下的"位置"改为"160.0　580.0"，让文字在画面中央，如图8-32、图8-33所示。

㉒ 找到"效果"窗口中的"视频效果"→"键控"→"轨道遮罩键"，单击选中"轨道遮罩键"效果，将其拖拽给视频1轨道的"红白黄"嵌套，如图8-34、图8-35所示。

㉓ 在"效果控件"面板找到"轨道遮罩键"属性，遮罩选择"视频2"，勾选"反向"，如图8-36、图8-37所示。

图8-32　文字参数设置

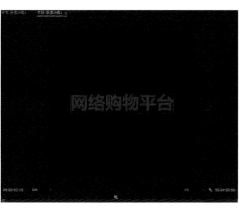

图8-33　文字效果

图8-34　"轨道遮罩键"效果

图8-35　拖拽给"红白黄"嵌套

图8-36　设置"轨道遮罩键"效果

图8-37　动画效果

㉔ 切换到时间线面板的"网络购物平台"序列，进入该序列后，进行下一步的动画制作，如图8-38所示。

　　选中视频1轨道的"遮罩动画1"嵌套，按住鼠标左键不放，将其移动到视频2轨道；选中项目窗口中的"白色背景"颜色遮罩，将其拖拽到视频1轨道，如图8-39所示。

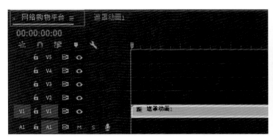

图8-38　进入"网络购物平台"序列

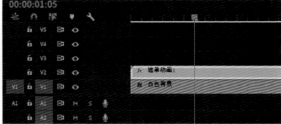

图8-39　视频轨道的素材排列

　　选中视频2轨道中的"遮罩动画1"，在"效果控件"面板里找到"不透明度"效果下类似四边形方框的图标（这个图标为"创建四点多边形蒙版"），并单击它，不透明度控件会多一个"蒙版1"选项，监视器窗口中会出现一个四边形蒙版，如图8-40～图8-42所示。

　　㉕ 分别单选"四边形蒙版"的四个顶点，进行延长拖拽，改变蒙版的形状，如图8-43所示。

图8-40　不透明度下的"蒙版"图标

图8-41　"蒙版"参数

图8-42　"蒙版"效果

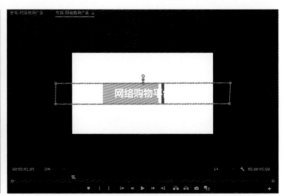

图8-43　蒙版形状设置

　　㉖ 在项目窗口中找到"白色背景"颜色遮罩、"红色背景"颜色遮罩、"黄色背景"颜色遮罩，将它们分别拖拽到视频3～5轨道，如图8-44所示。

　　㉗ 选中视频3～5轨道中的三个颜色遮罩素材，单击鼠标右键进行新建"嵌套"，嵌套名称为"遮罩动画2"，如图8-45所示。

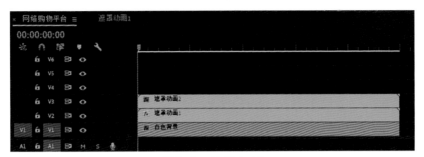

图8-44　视频轨道上的素材排列

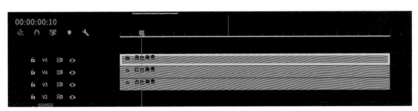

图8-45　遮罩动画2

㉘ 双击"遮罩动画2"嵌套，进入"遮罩动画2"嵌套，对三个颜色遮罩进行动画制作，如图8-46所示。

图8-46　进入"遮罩动画2"嵌套

㉙ 找到"效果"窗口中的"视频效果"→"过渡"→"线性擦除"，单击选中"线性擦除"效果，将其拖拽给视频5轨道中的"黄色背景"颜色遮罩。

㉚ 将时间线移动到00:00:00:10帧处，单击选择视频5轨道中的"黄色背景"颜色遮罩，在"效果控件"面板找到"线性擦除"属性，"擦除角度"改为"-57.0°"，"过渡完成"改为"100%"；将时间线移动到00:00:01:12帧处，"过渡完成"改为"0%"，并将关键帧属性更改为"贝塞尔曲线"，如图8-47～图8-49所示。

㉛ 找到"效果"窗口中的"视频效果"→"过渡"→"线性擦除"，单击选中"线性擦除"效果，将其拖拽给视频4轨道中的"红色背景"颜色遮罩。

图8-47　"线性擦除"效果　　　　　图8-48　过渡参数设置

㉜ 将时间线移动到00:00:00:03帧处，单击选择视频4轨道中的"红色背景"颜色遮罩，在"效果控件"面板找到"线性擦除"属性，"擦除角度"改为"-57.0°"，"过渡完成"改为"100%"；将时间线移动到00:00:01:05帧处，"过渡完成"改为"0%"，并将关键帧属性更改为"贝塞尔曲线"，如图8-50、图8-51所示。

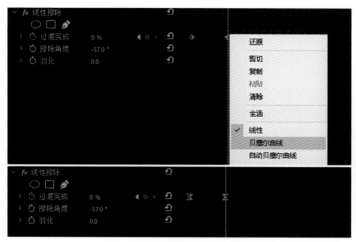

图8-49　"贝塞尔曲线"设置

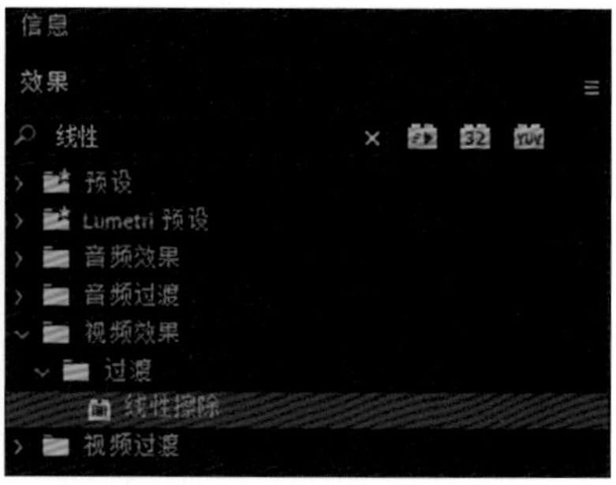

图8-50　"线性擦除"效果

图8-51　过渡参数设置与"贝塞尔曲线"设置

㉝ 找到"效果"窗口中的"视频效果"→"过渡"→"线性擦除"，单击选中"线性擦除"效果，将其拖拽给视频3轨道中的"白色背景"颜色遮罩。

㉞ 将时间线移动到00:00:00:00帧处，单击选择视频3轨道中的"白色背景"颜色遮罩，在"效果控件"面板找到"线性擦除"属性，"擦除角度"改为"-57.0°"，"过渡完成"改为"100%"；将时间线移动到00:00:01:02帧处，"过渡完成"改为"0%"，并将关键帧属性更改为"贝塞尔曲线"，然后找到"不透明度"属性，将"不透明度"属性值改为"60.0%"，如图8-52、图8-53所示。

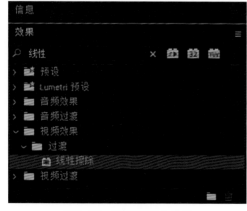

图8-52　"线性擦除"效果

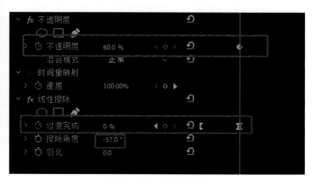

图8-53　参数设置

㉟ 切换到"网络购物平台"序列，选择视频3轨道中的遮罩动画2，将素材的入点移动到00:00:01:00处，如图8-54、图8-55所示。

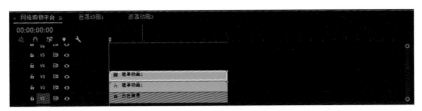

图8-54　进入"网络购物平台"序列

图8-55　移动"遮罩动画2"

㊱ 选择视频1～3轨道中的三个素材，单击鼠标右键新建"嵌套"，嵌套名称为"片头"，如图8-56～图8-58所示。

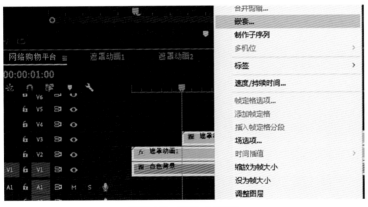

图8-56　新建"嵌套"

图8-57　嵌套名称

图8-58　嵌套完成

㊲ 选择项目面板中的"白色背景"颜色遮罩，将其拖拽到视频2轨道，然后将"家电.jpg"拖拽到视频3轨道，如图8-59所示。

㊳ 找到"效果"窗口中的"视频效果"→"过渡"→"线性擦除"，单击选中"线性擦除"效果，将其拖拽给视频3轨道中的"家电.jpg"。再次选中"线性擦除"效果，将其继续拖拽给"家电.jpg"。该素材共有两个"线性擦除"效果，如图8-60所示。

㊴ 将时间线移动到00:00:00:00帧处，单击选择视频3轨道中的"家电.jpg"，在"效果控件"面板找到第一个"线性擦除"属性，"擦除角度"改为"57.0°"，"过渡完成"改为"20%"；找到第二个"线性擦除"属性，"擦除角度"改为"235.0°"，"过渡完成"改为"20%"，如图8-61所示。

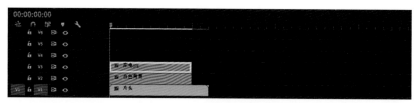

图8-59　时间线上的素材排列

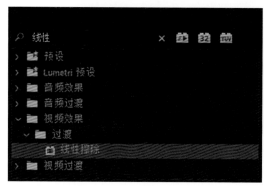

图8-60　"线性擦除"效果

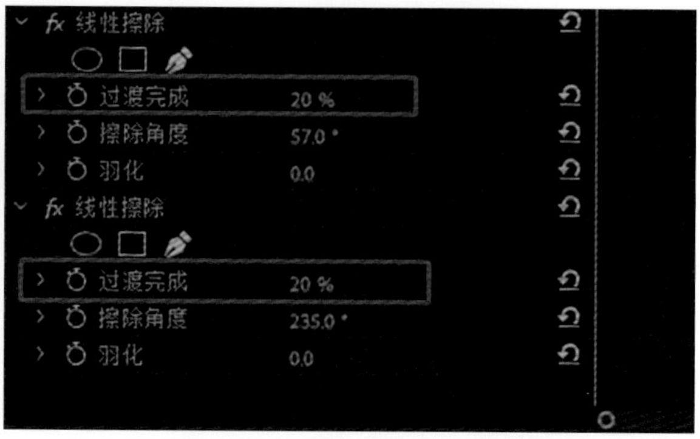

图8-61　两个"线性擦除"效果的设置

㊵ 将时间线移动到00:00:00:00帧处，单击选择视频3轨道中的"家电.jpg"，在"效果控件"面板找"运动"特效，将"位置"数值改为"1600.0　540.0"；将时间线移动到00:00:00:10帧处，将"位置"数值改为"960.0　540.0"；将时间线移动到00:00:00:20帧处，将"位置"数值改为"750.0　540.0"；将时间线移动到00:00:04:24帧处，将"位置"数值改为"570.0　540.0"。我们一共给"家电.jpg"做了四个关键帧动画，全选这个四个关键帧，属性改为"贝塞尔曲线"，如图8-62所示。

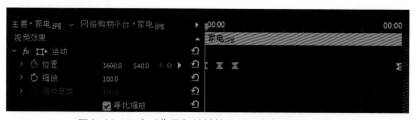

图8-62　四个"位置"关键帧和"贝塞尔曲线"设置

㊶ 在工具栏面板中单击"钢笔工具"不放，会出现三个绘制工具选项，先选择第二个矩形工具，然后选中视频4轨道，在监视器窗口中直接进行拖拽形成一个四边形矩形，如图8-63、图8-64所示。

㊷ 在"效果控件"面板里找到"形状"→"外观"，单击"填充"前面的颜色形状，在弹出的"拾色器"对话框中，将颜色的RGB值更改为"255、190、0"，如图8-65所示。

㊸ 单击选择视频5轨道，在视频5轨道上拖拽第二个矩形。选择矩形工具，在监视器窗口中直接拖拽第二个四边形矩形，可以在监视器面板中移动矩形到例图位置，保证矩形的中心点在顶部位置，如图8-66、图8-67所示。

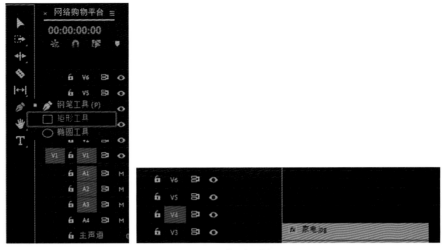

图 8-63　矩形工具

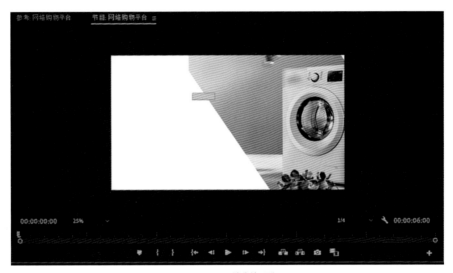

图 8-64　绘制矩形

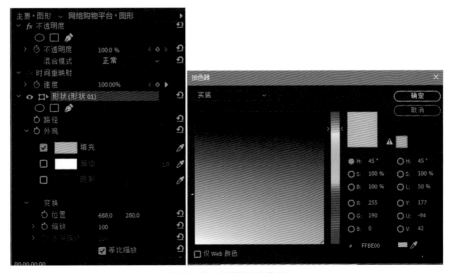

图 8-65　形状颜色填充

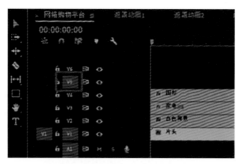

图8-66 选择视频5轨道

图8-67 确保新绘制的矩形中心点在顶部位置

㊹ 选择视频5轨道中的第二个矩形，在"效果控件"面板里找到"形状"→"外观"，单击"填充"前面的颜色形状，在弹出的"拾色器"对话框中，将颜色的RGB值更改为"255、0、0"，如图8-68～图8-70所示。

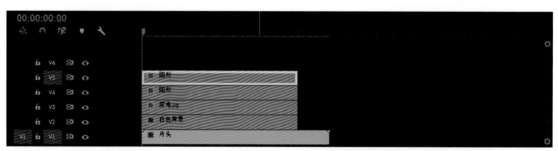

图8-68 选择视频5轨道中的第二个矩形

 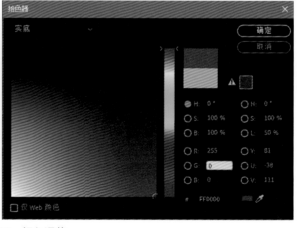

图8-69 颜色调整

㊺ 单击选中视频6轨道，在工具栏面板选择文字工具，在节目监视器画面的中间偏左位置中输入"品牌家电"四个文字，如图8-71所示。

图8-70 颜色效果 　　　　　　　　　　　图8-71 输入文字效果

㊻ 单击鼠标右键全选"品牌家电"四个文字，找到文字的特效控制台，更改文字属性。字体改为"Microsoft YaHei"，字体大小改为"245"，文字加粗，字体样式改为"Bold"，填充颜色改为"纯白色"，"位置"改为"684.0　564.0"，如图8-72所示。

㊼ 单击选中视频7轨道，在工具栏面板选择文字工具，在节目监视器画面的偏右下方位置中输入"Household appliances"一行字，如图8-73所示。

㊽ 单击鼠标右键全选"Household appliances"一行字，找到文字的特效控制台，更改文字属性。字体改为"Microsoft YaHei"，字体大小改为"70"，文字变细，字体样式改为"Light"，填充颜色改为"纯白色"，"位置"改为"1176.0　876.0"，如图8-74所示。

图8-72 文字属性调整 　　　图8-73 文字输入 　　　图8-74 文字属性调整

㊾ 选择视频4轨道中的黄色矩形。将时间线切换到00:00:00:00帧处，在"效果控件"面板里找到"形状"→"变换"，找到"位置"属性，数值更改为"2000.0　300.0"；将时间线切换到00:00:01:05帧处，数值更改为"370.0　300.0"。全选两个关键帧，单击鼠标右键，选择"临时插值"→"贝塞尔曲线"，将两个关键帧属性改为"贝塞尔曲线"，如图8-75、图8-76所示。

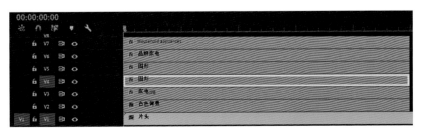

图8-75 选择视频4轨道中的黄色矩形

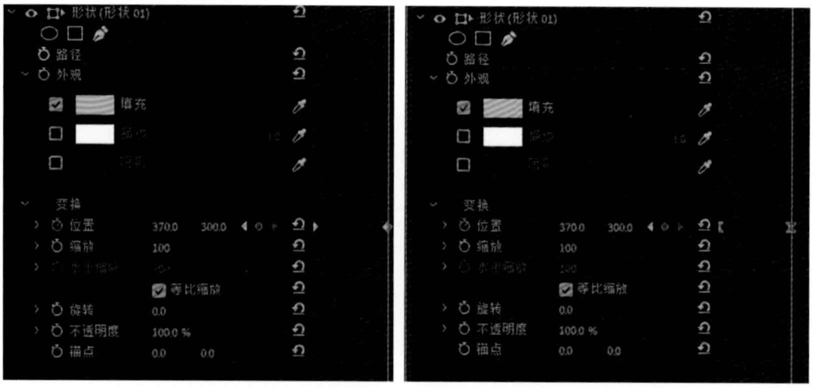

图8-76 “位置”关键帧设置以及“贝塞尔曲线”调整

(50) 选择视频5轨道中的红色矩形，将时间线切换到00:00:00:00帧处，在“效果控件”面板里找到“形状”→“变换”，找到“位置”属性，将“位置”数值更改为“1950.0 700.0”；将时间线切换到00:00:02:00帧处，将数值更改为“370.0 700.0”，并把两个关键帧属性改为“贝塞尔曲线”，如图8-77、图8-78所示。

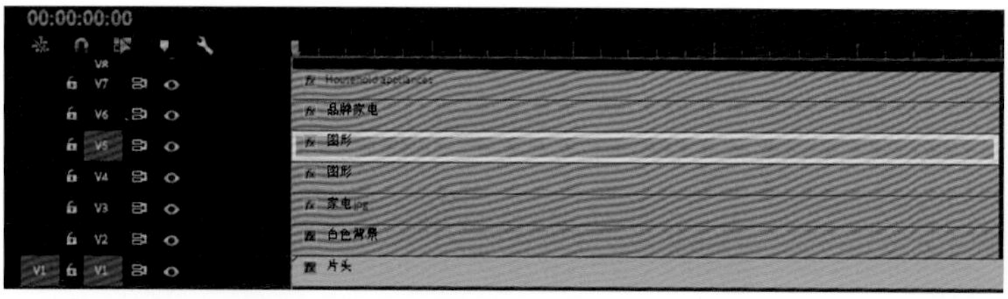

图8-77 选择视频5轨道中的红色矩形

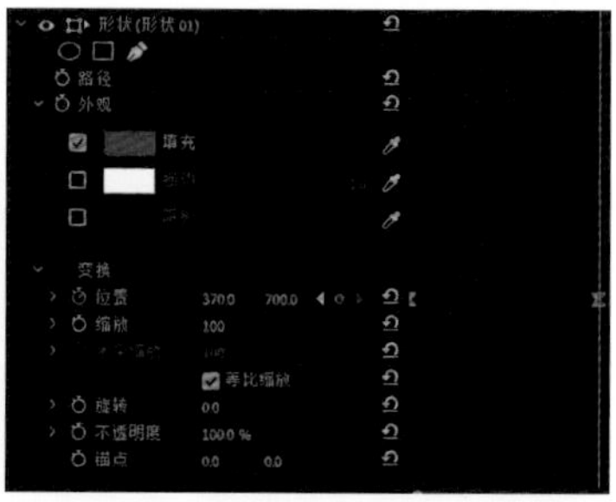

图8-78 “位置”关键帧的设置

(51) 选择视频6轨道中的“品牌家电”文字，将时间线切换到00:00:00:00帧处，在“效果控件”面板里找到“文本”→“变换”，找到“位置”属性，数值更改为“2000.0 600.0”；将时间线切换到00:00:01:05帧处，数值更改为“370.0 600.0”，并将两个关键帧属性改为“贝塞尔曲线”，如图8-79、图8-80所示。

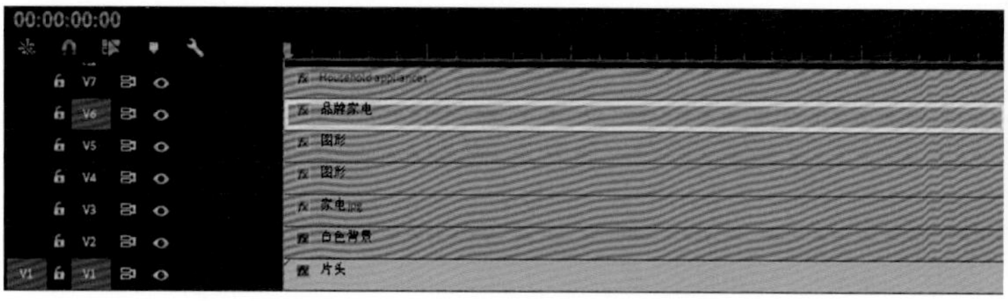

图8-79 选择视频6轨道中的字幕

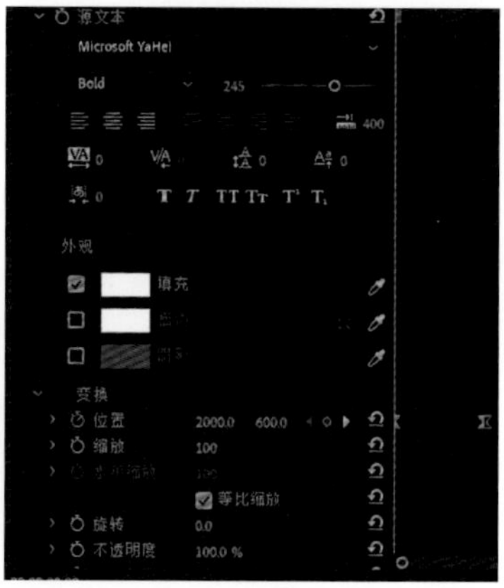

图8-80 字幕“位置”关键帧的设置

(52) 选择视频7轨道中的“Household appliances”文字，将时间线切换到00:00:00:10帧处，在“效果控件”面板里找到“文本”→“变换”，找到“位置”属性，数值更改为“-703.0

760.0”；将时间线切换到00:00:01:15帧处，数值更改为“388.0　760.0”，并将两个关键帧属性改为“贝塞尔曲线”，如图8-81、图8-82所示。

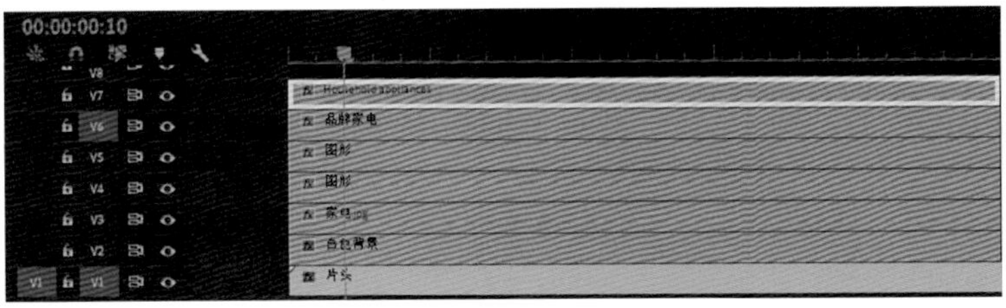

图8-81　选择视频7轨道中的字幕

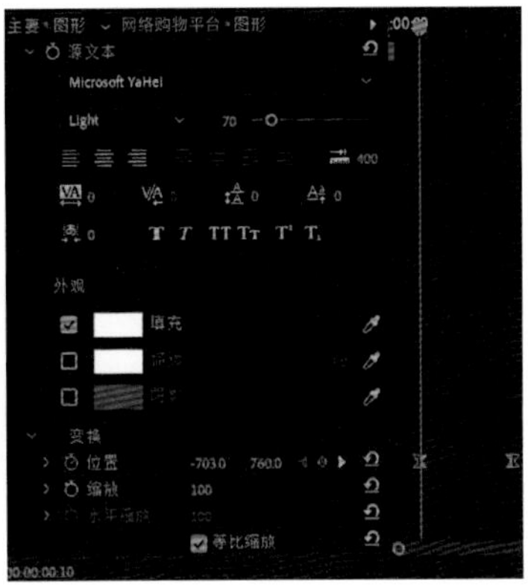

图8-82　字幕“位置”关键帧的设置

(53) 在项目面板中找到“家电.jpg”，将其拖拽至视频8轨道，找到“效果”窗口中的“视频效果”→“过渡”→“线性擦除”，单击选中“线性擦除”效果，将其拖拽给视频8轨道中的“家电.jpg”，如图8-83、图8-84所示。

(54) 将时间线移动到00:00:00:00帧处，单击选择视频8轨道中的“家电.jpg”，在“效果控件”制面板找到“线性擦除”属性，“擦除角度”改为“57.0°”，“过渡完成”改为“87%”；将时间线移动到00:00:00:20帧处，“过渡完成”改为“75%”；将时间线移动到00:00:04:24帧处，“过渡完成”改为“70%”；全选“过渡完成”效果的三个关键帧，并将关键帧属性改为“贝塞尔曲线”，如图8-85所示。

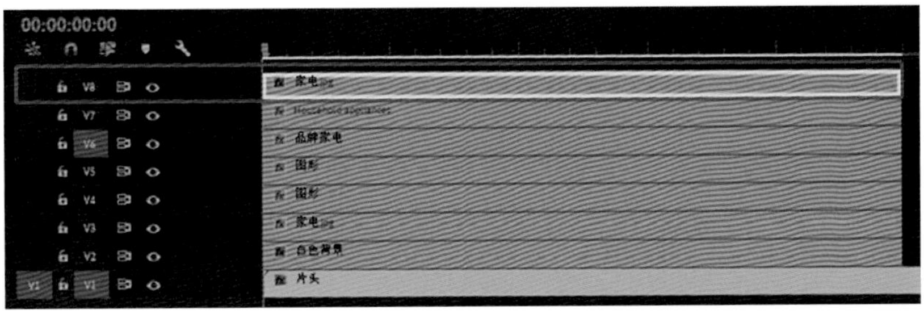

图8-83　将图片拖拽至视频8轨道

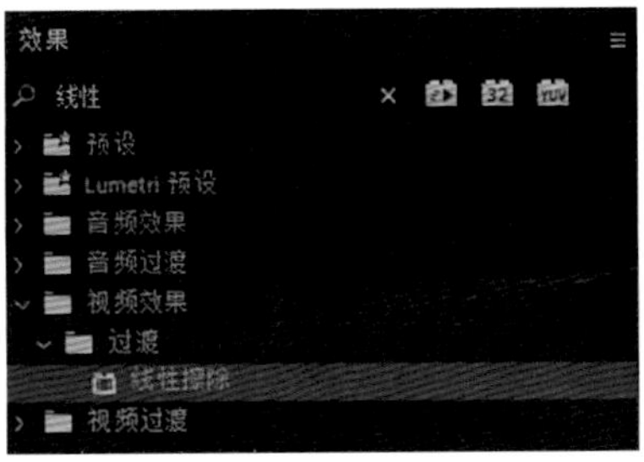

图8-84　将“线性擦除”拖拽给图片素材

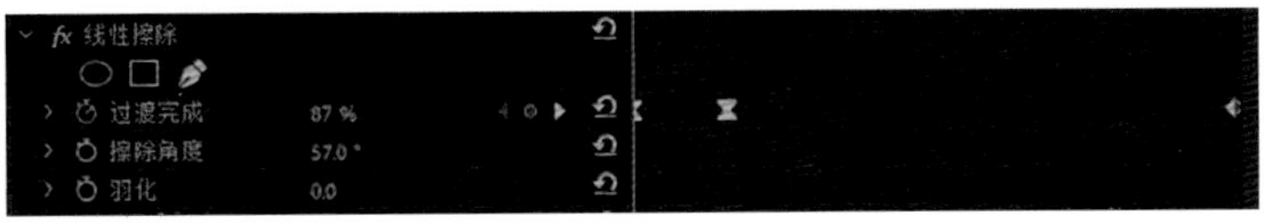

图8-85　“过渡完成”关键帧和“贝塞尔曲线”的设置

(55) 将时间线移动到00:00:00:00帧处，单击选择视频8轨道中的“家电.jpg”，在“效果控件”面板找到“运动”属性，“位置”数值改为“1296.0　540.0”；将时间线移动到00:00:00:10帧处，“位置”数值改为“846.0　540.0”；将时间线移动到00:00:00:20帧处，“位置”数值改为

"800.0　540.0"；将时间线移动到00:00:04:24帧处，"位置"数值改为"740.0　540.0"；全选位置效果的四个关键帧，并将关键帧属性更改为"贝塞尔曲线"，如图8-86所示。

(56) 找到"效果"窗口中的"视频效果"→"透视"→"投影"，单击选中"投影"效果，将其拖拽给视频8轨道中的"家电.jpg"，如图8-87所示。

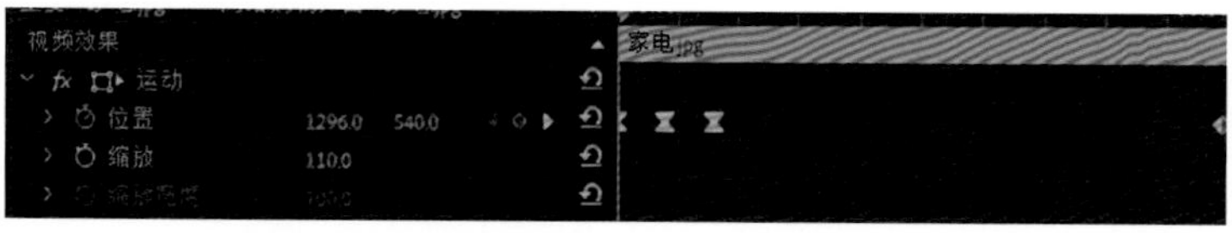

图8-86　"位置"关键帧和"贝塞尔曲线"的设置

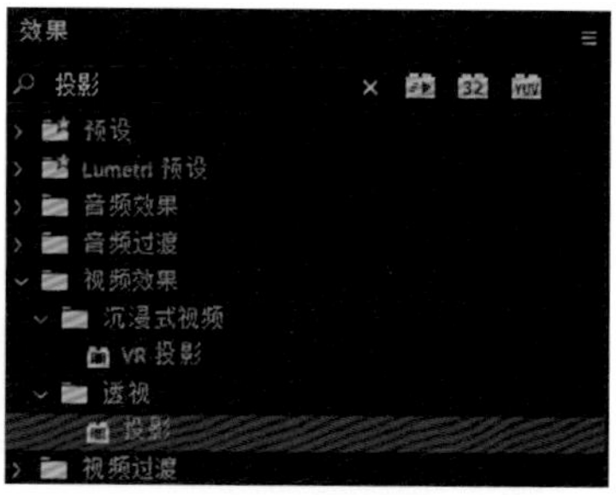

图8-87　拖拽"投影"效果给视频8轨道中的素材

(57) 在"效果控件"面板中找到"投影"属性，将"方向"改为"245.0°"，"距离"改为"15.0"，"柔和度"改为"40.0"，为视频8轨道中的"家电.jpg"添加一个投影，如图8-88、图8-89所示。

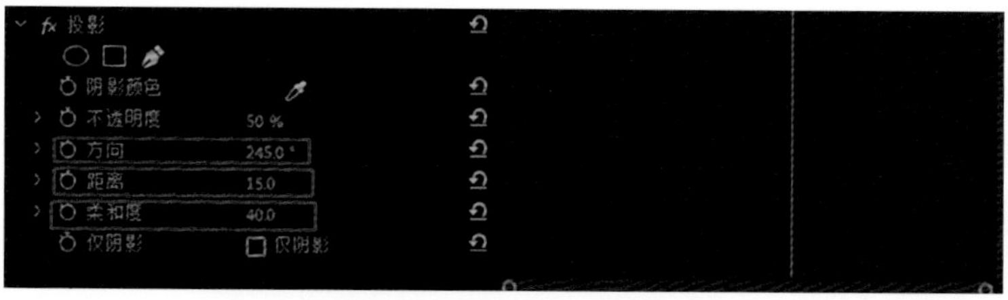

图8-88　"投影"参数设置

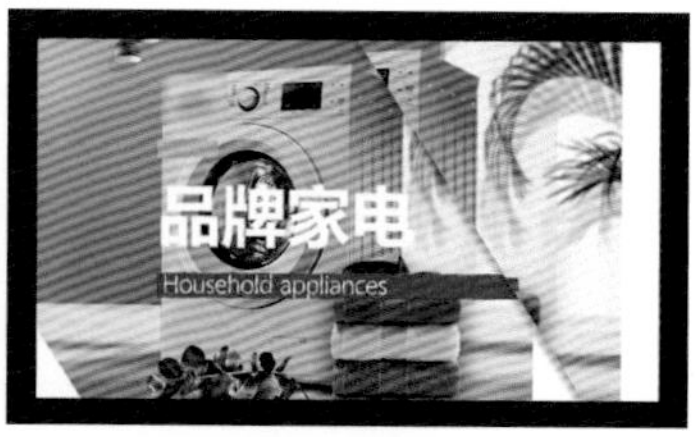

图8-89　投影效果

(58) 将时间线移动到00:00:00:00帧处，全选时间线后面视频2～8轨道中的所有素材，按下快捷键"Ctrl+C"复制选中的素材，然后将时间线移动到00:00:05:00帧处，按下快捷键"Ctrl+V"粘贴复制的素材，如图8-90、图8-91所示。

(59) 分别将时间线移动到00:00:10:00帧处，按下快捷键"Ctrl+V"粘贴复制的素材；将时间线移动到00:00:15:00帧处，按下快捷键"Ctrl+V"粘贴复制的素材。现在一共有四个一样素材的动画，我们需要对后面三个动画的图片素材和文字进行更改和替换，节约工作效率，如图8-92所示。

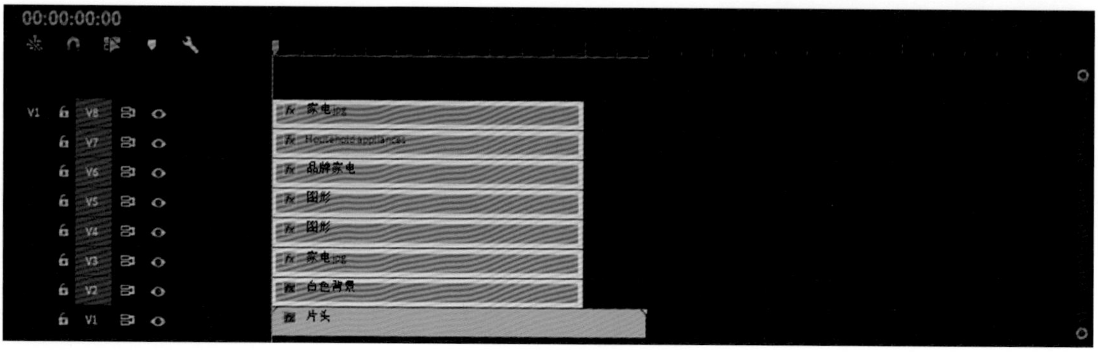

图8-90　复制素材

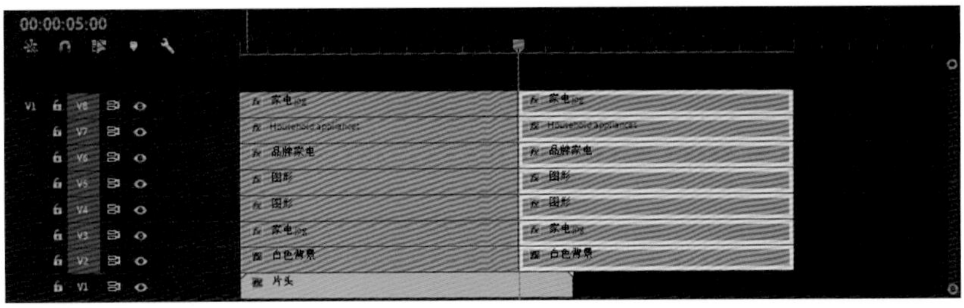

图8-91　粘贴素材

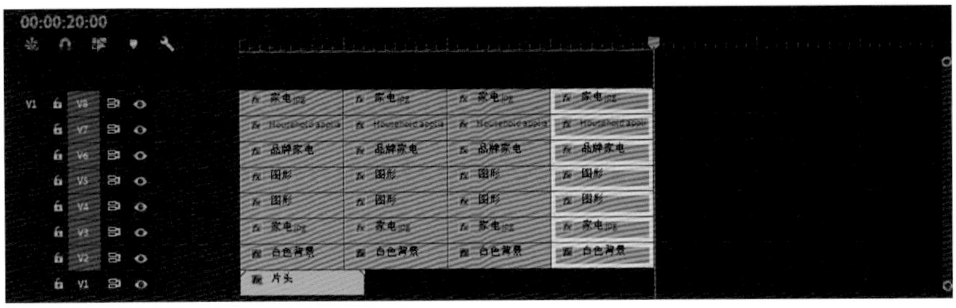

图8-92　粘贴了三次素材后的时间线面板

⑥⓪ 将时间线移动到00:00:05:00帧处，在项目面板中找到"数码.jpg"，同时单击鼠标左键选中"数码.jpg"，按住"Alt"键和鼠标左键不放，将其拖拽至视频3轨道，替换掉原来的"家电.jpg"素材；利用同样的方法替换掉视频8轨道中的"家电.jpg"素材，这样图片素材虽然被替换掉了，但是原素材的动画属性被保留了下来，如图8-93所示。

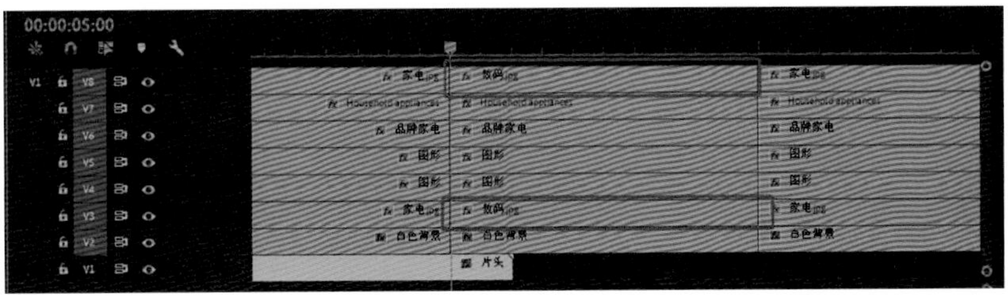

图8-93　替换图片素材

⑥① 在工具栏面板中选中文字工具，将时间线移动到00:00:06:24帧处，双击监视器面板中的"品牌家电"文字，进入编辑模式后，将其修改成"数码产品"文字，如图8-94、图8-95所示。

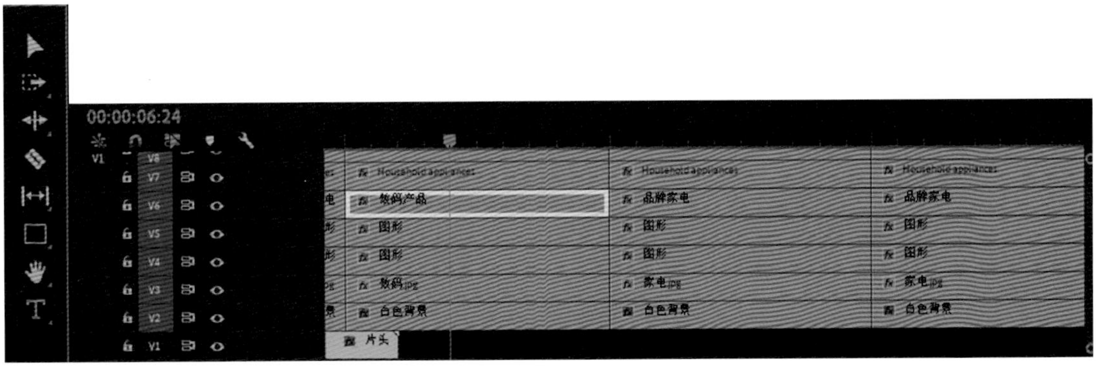

图8-94　修改文字

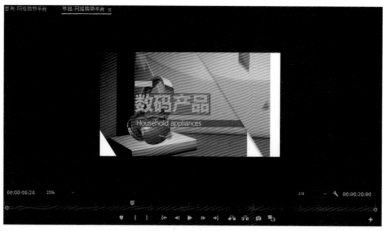

图8-95　文字效果

⑫ 双击监视器面板中的"Household appliances"文字，进入编辑模式后，将其修改成"Electronics"文字，如图8-96、图8-97所示。

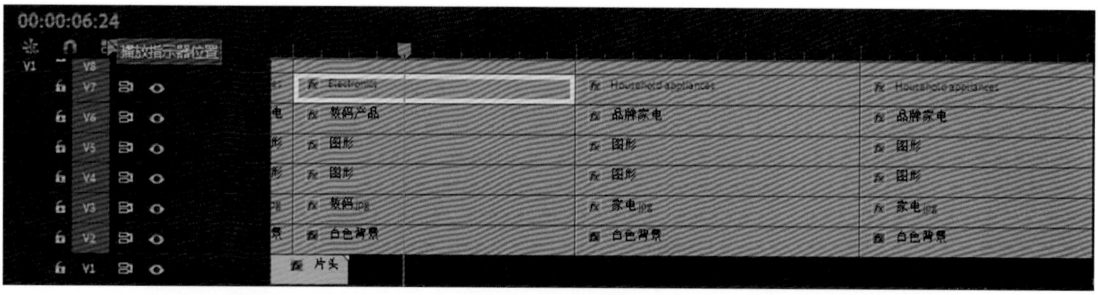

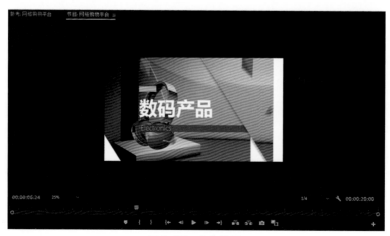

图8-96　修改文字

⑬ 将时间线移动到00:00:10:00帧处，在项目面板中找到"户外运动.jpg"，同时单击鼠标左键选中"户外运动.jpg"，按住"Alt"键和鼠标左键不放，将其拖拽至视频3轨道，替换掉原来的"家电.jpg"素材；利用同样的方法替换掉视频8轨道中的"家电.jpg"素材，如图8-98所示。

⑭ 在工具栏面板中选中文字工具，将时间线移动到00:00:12:24帧处，双击监视器面板中的"品牌家电"文字，进入编辑模式后，将其修改成"户外运动"文字；双击监视器面板中的"Household appliances"文字，进入编辑模式后，将其修改成"Outdoor sport"文字，如图8-99所示。

图8-97　文字效果

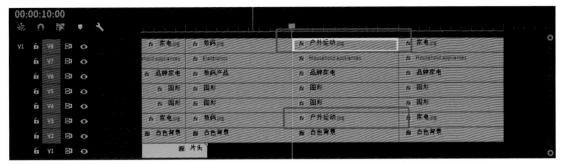

图8-98　替换图片素材

图8-99　修改文字和替换图片后的效果

㊹ 将时间线移动到00:00:15:00帧处，在项目面板中找到"果蔬生鲜.jpg"，按住"Alt"键和鼠标左键不放，将其分别拖拽至视频3轨道和视频8轨道，替换掉原来的"家电.jpg"素材，如图8-100所示。

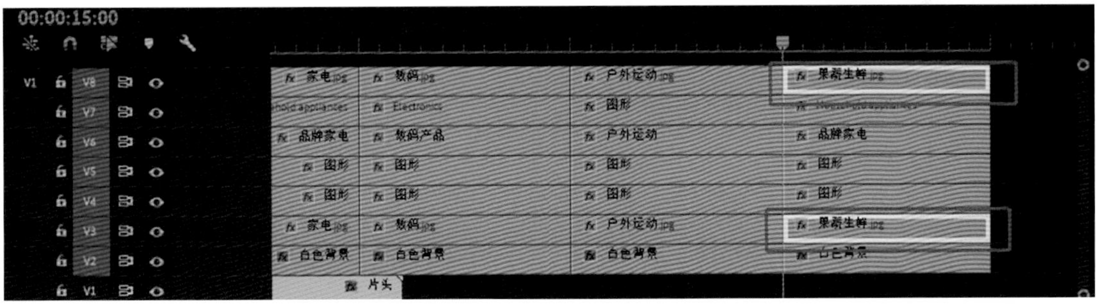

图8-100　替换图片素材

㊺ 在工具栏面板中选中文字工具，将时间线移动到00:00:16:24帧处，双击监视器面板中的"品牌家电"文字，进入编辑模式后，将其修改成"果蔬生鲜"文字；双击监视器面板中的"Household appliances"文字，进入编辑模式后，将其修改成"Fresh fruits and vegetables"文字，如图8-101所示。

㊻ 将时间线移动到00:00:00:00帧处，选中视频2 ~ 8轨道的第一部分"家电"动画素材，单击鼠标右键新建"嵌套"，嵌套名称改为"品牌家电"嵌套，如图8-102 ~图8-104所示。

㊼ 利用同样的方法为后面的三段动画新建嵌套，分别命名为"数码产品"嵌套、"户外运动"嵌套、"果蔬生鲜"嵌套，如图8-105、图8-106所示。

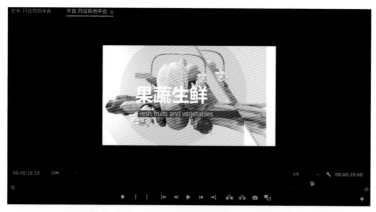

图8-101　修改文字和替换图片后的效果

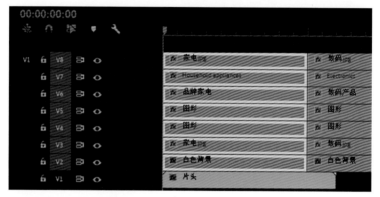

图8-102　选择"家电"视频素材

图8-103　嵌套名称

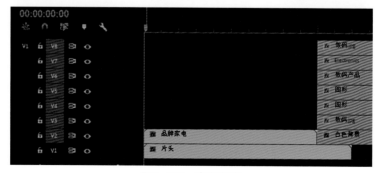

图8-104　嵌套完成

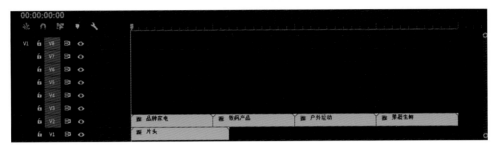

图8-105　完成后面的嵌套

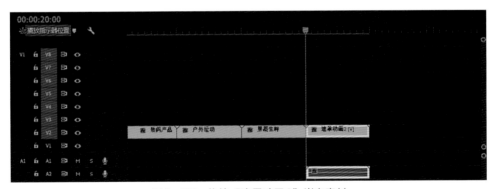

图8-106　四个嵌套完成后的效果

⑥⑨ 将时间线移动到00:00:20:00帧处，在项目面板中选择"遮罩动画2"嵌套，将其拖拽至视频2轨道中"果蔬生鲜"嵌套后面，如图8-107所示。选中"遮罩动画2"，单击鼠标右键，选择"取消链接"，把音频和视频断开，单击选中"遮罩动画2"的音频，进行删除，只留下视频文件，如图8-108所示。

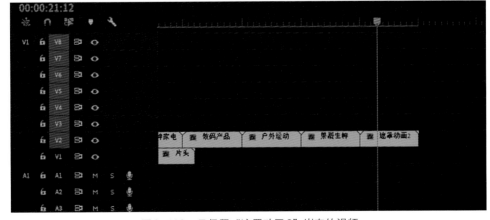

图8-107　拖拽"遮罩动画2"嵌套素材

图8-108　只保留"遮罩动画2"嵌套的视频

⑦ 将时间线移动到00:00:21:12帧处，单击选中视频3轨道，在工具栏面板选择文字工具，在节目监视器画面的中间位置输入"www.goouwuwu.com"一行字，如图8-109所示。

图8-109　输入文字

⑦ 单击鼠标右键全选"www.goouwuwu.com一行字，找到文字的特效控制台，更改文字属性。字体改为"Microsoft YaHei"，字体大小改为"70"，文字变细，字体样式改为"Light"，填充颜色改为"纯白色"，"位置"改为"624、544"，如图8-110所示。

⑦ 选中视频2轨道中的"www.goouwuwu.com"文字和视频1轨道中的"遮罩动画2"，单击鼠标右键新建"嵌套"（图8-111），在弹出的"嵌套"对话框中命名为"片尾"。现在时间线面板一共有六个嵌套，如图8-112所示。

⑦ 我们需要对嵌套进行动画的制作。单击选中视频2轨道中的五个嵌套，将它们向后移动，使第一个"品牌家电"嵌套开头对齐至00:00:02:03帧处，如图8-113所示。

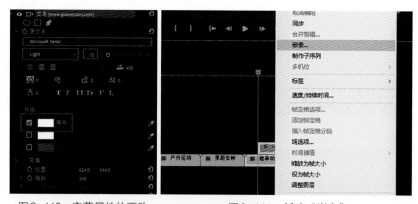

图8-110　字幕属性的更改　　　　图8-111　新建"嵌套"

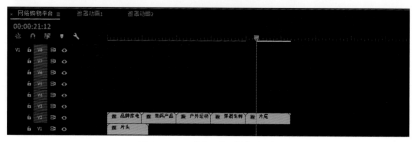

图8-112　"片尾"嵌套完成

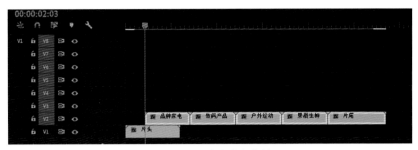

图8-113　移动嵌套素材

㉔ 找到"效果"窗口中的"视频效果"→"过渡"→"线性擦除"，单击选中"线性擦除"效果，将其拖拽给视频2轨道中的"品牌家电"嵌套，如图8-114所示。

㉕ 将时间线移动到00:00:02:03帧处，在"效果控件"面板中找到"线性擦除"特效，将"擦除角度"改为"-57.0°"，将"过渡完成"数值改为"100%"；将时间线移动到00:00:02:24帧处，将"过渡完成"数值改为"20%"；将时间线移动到00:00:03:23帧处，将"过渡完成"数值改为"0%"，并将关键帧属性更改为"贝塞尔曲线"，如图8-115所示。

㉖ 将时间线移动到00:00:07:03帧处，单击选中视频2轨道中的"数码产品"嵌套，使其移动到视频1轨道，如图8-116所示。

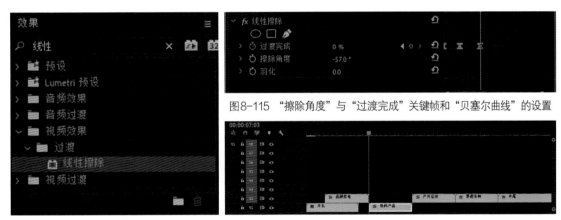

图8-114　拖拽"线性擦除"效果

图8-115　"擦除角度"与"过渡完成"关键帧和"贝塞尔曲线"的设置

图8-116　移动嵌套素材

㉗ 单击选中"数码产品"嵌套，在"效果控件"面板中找到"运动"→"缩放"，将"缩放"数值改为"300.0"；将时间线移动到00:00:07:24帧处，将"缩放"数值改为"110.0"；将时间线移动到00:00:12:00帧处，将"缩放"数值改为"100.0"，如图8-117所示。

图8-117　"缩放"关键帧的设置

㉘ 单击选中视频2轨道中的"户外运动"嵌套，使其入点对齐到00:00:11:00帧处，如图8-118所示。

㉙ 找到"效果"窗口中的"视频效果"→"过渡"→"线性擦除"，单击选中"线性擦除"效果，将其拖拽给视频2轨道中的"户外运动"嵌套。

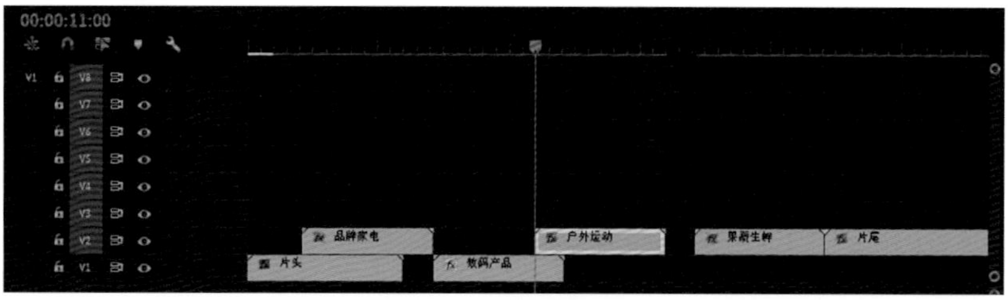

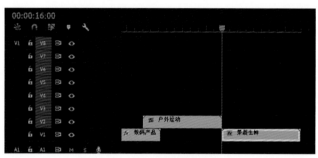

图8-118　移动嵌套素材

⑧⓪ 将时间线移动到00:00:11:00帧处，在"效果控件"面板中找到"线性擦除"特效，将"擦除角度"改为"-57.0°"，"过渡完成"数值改为"100%"；将时间线移动到00:00:11:12帧处，"过渡完成"数值改为"20%"；将时间线移动到00:00:11:24帧处，"过渡完成"数值改为"0%"，并将关键帧属性更改为"贝塞尔曲线"，如图8-119所示。

图8-119　"擦除角度"与"过渡完成"关键帧和"贝塞尔曲线"的设置

⑧① 将时间线移动到00:00:16:00帧处，单击选中视频2轨道中的"果蔬生鲜"嵌套，使其移动到视频1轨道，如图8-120所示。

图8-120　移动嵌套素材

⑧② 单击选中视频1轨道中的"果蔬生鲜"嵌套，在"效果控件"面板中找到"运动"→"缩放"，将"缩放"数值改为"300.0"；将时间线移动到00:00:16:14帧处，将"缩放"值改为"110.0"；将时间线移动到00:00:20:23帧处，将"缩放"数值改为"100.0"，如图8-121所示。

图8-121　"缩放"关键帧的设置

⑧③ 单击选中视频2轨道中的"片尾"嵌套，使其入点对齐到00:00:19:20帧处，如图8-122所示。

⑧④ 将时间线移动到00:00:24:00帧处，选择工具面板中的剃刀工具，对视频2轨道中的"片尾"进行裁剪，删除掉后面多余的素材，如图8-123所示。

⑧⑤ 将时间线移动到00:00:00:00帧处，选择项目面板中的"背景音乐.mp3"，将其拖拽至音频1轨道，如图8-124所示。

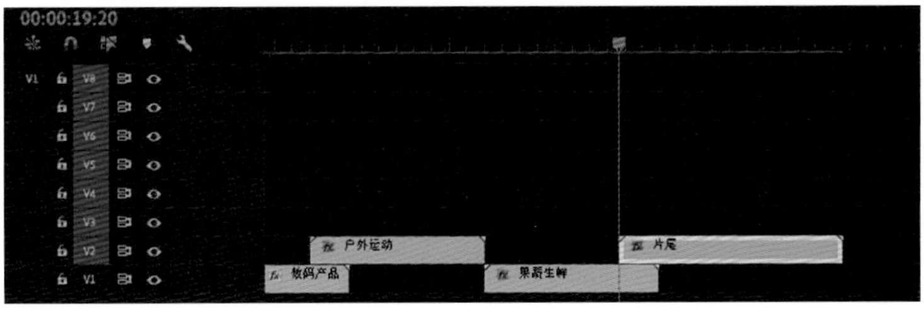

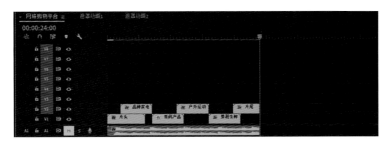

图8-122　移动嵌套素材

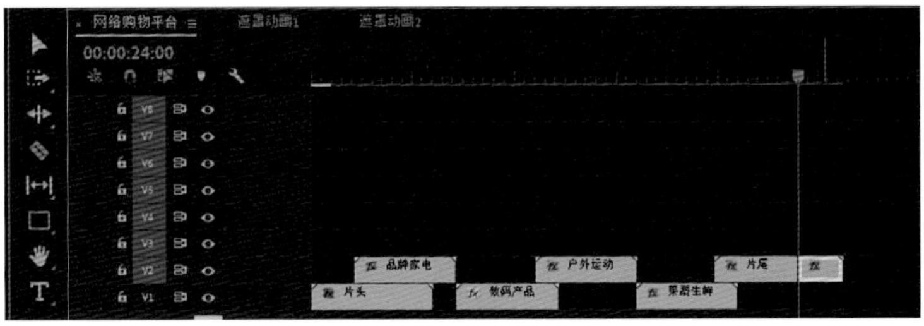

图8-123　删除多余素材

图8-124　添加背景音乐

㊱ 确认"时间线"面板为激活状态，然后选择"文件"→"导出"→"媒体"菜单，在打开的"导出设置"对话框中将"格式"改为"H.264"，在"输出名称"选项处设置输出路径和输出文件的名称，单击"导出"按钮，如图8-125所示。

图8-125　导出视频

参考文献

[1] 韩帆，朱嘉. 数字技术在影视后期中的应用[J]. 戏剧之家，2020(03).

[2] 高志远，吕春艳.《浅析影视广告中剪辑的作用》[J] .新闻研究导刊，2018(22).

[3] 和群坡. 影视广告制作教程[M]. 北京：中国传媒大学出版社，2006.

[4] 张正学，段兰霏. 影视广告案例解析[M]. 北京：中国传媒大学出版社，2020.

[5] 李静. 影视广告创意与制作[M]. 北京：中国建筑工业出版社，2018.

[6] 王威. Premiere视频制作入门与实战[M] .北京：化学工业出版社，2020.

[7] 李益，夏光富. Premiere Pro & After Effects影视动画非线性编辑与合成[M]. 北京：北京联合出版公司，2012.

元素周期表

IUPAC 2013

图例说明：

- 氧化态（单质的氧化态为0，未列入；常见的为红色）
- 以 $^{12}C=12$ 为基准的原子量（注+的是半衰期最长同位素的原子量）
- 原子序数
- 元素符号（红色的为放射性元素）
- 元素名称（注▲的为人造元素）
- 价层电子构型

示例：
$^{+3}_{+5}$ Am 95 镅 $5f^77s^2$ 243.06138(2)+

分区图例： s区元素　p区元素　d区元素　ds区元素　f区元素　稀有气体

周期	族		

族	1 IA	2 IIA	3 IIIB	4 IVB	5 VB	6 VIB	7 VIIB	8	9 VIIIB(VIII)	10	11 IB	12 IIB	13 IIIA	14 IVA	15 VA	16 VIA	17 VIIA	18 VIIIA(0)
1	H 1 氢 $1s^1$ 1.008																	He 2 氦 $1s^2$ 4.002602(2)
2	Li 3 锂 $2s^1$ 6.94	Be 4 铍 $2s^2$ 9.0121831(5)											B 5 硼 $2s^22p^1$ 10.81	C 6 碳 $2s^22p^2$ 12.011	N 7 氮 $2s^22p^3$ 14.007	O 8 氧 $2s^22p^4$ 15.999	F 9 氟 $2s^22p^5$ 18.998403163(6)	Ne 10 氖 $2s^22p^6$ 20.1797(6)
3	Na 11 钠 $3s^1$ 22.98976928(2)	Mg 12 镁 $3s^2$ 24.305											Al 13 铝 $3s^23p^1$ 26.9815385(7)	Si 14 硅 $3s^23p^2$ 28.085	P 15 磷 $3s^23p^3$ 30.973761998(5)	S 16 硫 $3s^23p^4$ 32.06	Cl 17 氯 $3s^23p^5$ 35.45	Ar 18 氩 $3s^23p^6$ 39.948(1)
4	K 19 钾 $4s^1$ 39.0983(1)	Ca 20 钙 $4s^2$ 40.078(4)	Sc 21 钪 $3d^14s^2$ 44.955908(5)	Ti 22 钛 $3d^24s^2$ 47.867(1)	V 23 钒 $3d^34s^2$ 50.9415(1)	Cr 24 铬 $3d^54s^1$ 51.9961(6)	Mn 25 锰 $3d^54s^2$ 54.938044(3)	Fe 26 铁 $3d^64s^2$ 55.845(2)	Co 27 钴 $3d^74s^2$ 58.933194(4)	Ni 28 镍 $3d^84s^2$ 58.6934(4)	Cu 29 铜 $3d^{10}4s^1$ 63.546(3)	Zn 30 锌 $3d^{10}4s^2$ 65.38(2)	Ga 31 镓 $4s^24p^1$ 69.723(1)	Ge 32 锗 $4s^24p^2$ 72.630(8)	As 33 砷 $4s^24p^3$ 74.921595(6)	Se 34 硒 $4s^24p^4$ 78.971(8)	Br 35 溴 $4s^24p^5$ 79.904	Kr 36 氪 $4s^24p^6$ 83.798(2)
5	Rb 37 铷 $5s^1$ 85.4678(3)	Sr 38 锶 $5s^2$ 87.62(1)	Y 39 钇 $4d^15s^2$ 88.90584(2)	Zr 40 锆 $4d^25s^2$ 91.224(2)	Nb 41 铌 $4d^45s^1$ 92.90637(2)	Mo 42 钼 $4d^55s^1$ 95.95(1)	Tc 43 锝 $4d^55s^2$ 97.90721(3)+	Ru 44 钌 $4d^75s^1$ 101.07(2)	Rh 45 铑 $4d^85s^1$ 102.90550(2)	Pd 46 钯 $4d^{10}$ 106.42(1)	Ag 47 银 $4d^{10}5s^1$ 107.8682(2)	Cd 48 镉 $4d^{10}5s^2$ 112.414(4)	In 49 铟 $5s^25p^1$ 114.818(1)	Sn 50 锡 $5s^25p^2$ 118.710(7)	Sb 51 锑 $5s^25p^3$ 121.760(1)	Te 52 碲 $5s^25p^4$ 127.60(3)	I 53 碘 $5s^25p^5$ 126.90447(3)	Xe 54 氙 $5s^25p^6$ 131.293(6)
6	Cs 55 铯 $6s^1$ 132.90545196(6)	Ba 56 钡 $6s^2$ 137.327(7)	La~Lu 57~71 镧系	Hf 72 铪 $5d^26s^2$ 178.49(2)	Ta 73 钽 $5d^36s^2$ 180.94788(2)	W 74 钨 $5d^46s^2$ 183.84(1)	Re 75 铼 $5d^56s^2$ 186.207(1)	Os 76 锇 $5d^66s^2$ 190.23(3)	Ir 77 铱 $5d^76s^2$ 192.217(3)	Pt 78 铂 $5d^96s^1$ 195.084(9)	Au 79 金 $5d^{10}6s^1$ 196.966569(5)	Hg 80 汞 $5d^{10}6s^2$ 200.592(3)	Tl 81 铊 $6s^26p^1$ 204.38	Pb 82 铅 $6s^26p^2$ 207.2(1)	Bi 83 铋 $6s^26p^3$ 208.98040(1)	Po 84 钋 $6s^26p^4$ 208.98243(2)+	At 85 砹 $6s^26p^5$ 209.98715(5)+	Rn 86 氡 $6s^26p^6$ 222.01758(2)+
7	Fr 87 钫 $7s^1$ 223.01974(2)+	Ra 88 镭 $7s^2$ 226.02541(2)+	Ac~Lr 89~103 锕系	Rf 104 铲▲ $6d^27s^2$ 267.122(4)+	Db 105 𨧀▲ $6d^37s^2$ 270.131(4)+	Sg 106 𨭎▲ $6d^47s^2$ 269.129(3)+	Bh 107 𨨏▲ $6d^57s^2$ 270.133(2)+	Hs 108 𨭆▲ $6d^67s^2$ 270.134(2)+	Mt 109 䥑▲ $6d^77s^2$ 278.156(5)+	Ds 110 𫟼▲ $6d^87s^2$ 281.165(4)+	Rg 111 𬬭▲ $6d^{10}7s^1$ 281.166(6)+	Cn 112 鿔▲ $6d^{10}7s^2$ 285.177(4)+	Nh 113 鿭▲ $7s^27p^1$ 286.182(5)+	Fl 114 𫓧▲ $7s^27p^2$ 289.190(4)+	Mc 115 镆▲ $7s^27p^3$ 289.194(6)+	Lv 116 𫟷▲ $7s^27p^4$ 293.204(4)+	Ts 117 鿬▲ $7s^27p^5$ 293.208(6)+	Og 118 鿫▲ $7s^27p^6$ 294.214(5)+

镧系

La 57 镧 $5d^16s^2$ 138.90547(7)	Ce 58 铈 $4f^15d^16s^2$ 140.116(1)	Pr 59 镨 $4f^36s^2$ 140.90766(2)	Nd 60 钕 $4f^46s^2$ 144.242(3)	Pm 61 钷 $4f^56s^2$ 144.91276(2)+	Sm 62 钐 $4f^66s^2$ 150.36(2)	Eu 63 铕 $4f^76s^2$ 151.964(1)	Gd 64 钆 $4f^75d^16s^2$ 157.25(3)	Tb 65 铽 $4f^96s^2$ 158.92535(2)	Dy 66 镝 $4f^{10}6s^2$ 162.500(1)	Ho 67 钬 $4f^{11}6s^2$ 164.93033(2)	Er 68 铒 $4f^{12}6s^2$ 167.259(3)	Tm 69 铥 $4f^{13}6s^2$ 168.93422(2)	Yb 70 镱 $4f^{14}6s^2$ 173.045(10)	Lu 71 镥 $4f^{14}5d^16s^2$ 174.9668(1)

锕系

Ac 89 锕 $6d^17s^2$ 227.02775(2)+	Th 90 钍 $6d^27s^2$ 232.0377(4)	Pa 91 镤 $5f^26d^17s^2$ 231.03588(2)	U 92 铀 $5f^36d^17s^2$ 238.02891(3)	Np 93 镎 $5f^46d^17s^2$ 237.04817(2)+	Pu 94 钚 $5f^67s^2$ 244.06421(4)+	Am 95 镅 $5f^77s^2$ 243.06138(2)+	Cm 96 锔 $5f^76d^17s^2$ 247.07035(3)+	Bk 97 锫 $5f^97s^2$ 247.07031(4)+	Cf 98 锎 $5f^{10}7s^2$ 251.07959(3)+	Es 99 锿 $5f^{11}7s^2$ 252.0830(3)+	Fm 100 镄 $5f^{12}7s^2$ 257.09511(5)+	Md 101 钔 $5f^{13}7s^2$ 258.09843(3)+	No 102 锘 $5f^{14}7s^2$ 259.10100(7)+	Lr 103 铹 $5f^{14}6d^17s^2$ 262.110(2)+

电子层：K L M N O P Q